大五人格心理学

人才选育管用之道

倍智人才研究院 著

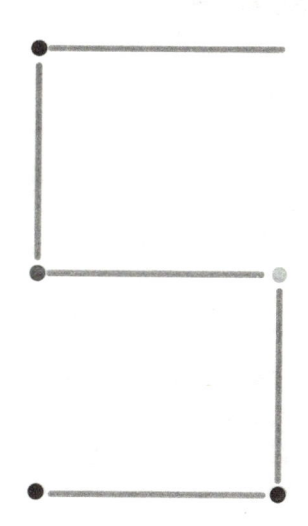

广东经济出版社
·广州·

图书在版编目（CIP）数据

大五人格心理学／倍智人才研究院著．—广州：广东经济出版社，2024.8
ISBN 978-7-5454-9111-1

Ⅰ.①大…　Ⅱ.①倍…　Ⅲ.①人格心理学　Ⅳ.①B848

中国国家版本馆CIP数据核字（2024）第016781号

责任编辑：刘亚平　李泽琳　姚　琳
责任校对：罗玉琪
责任技编：陆俊帆
封面设计：仙境设计

大五人格心理学
DA WU RENGE XINLIXUE
出　版　人：刘卫平
出版发行：广东经济出版社（广州市水荫路11号11～12楼）
印　　　刷：广州市东盛彩印有限公司
　　　　　（广州市增城区新塘太平洋工业区十路2号）

开	本：889mm×1194mm　1/32	印	张：9.75
版	次：2024年8月第1版	印	次：2024年8月第1次
书	号：ISBN 978-7-5454-9111-1	字	数：201千字
定	价：88.00元		

发行电话：（020）87393830　　　　编辑邮箱：metrosta@126.com
广东经济出版社常年法律顾问：胡志海律师　法务电话：020-37603025
如发现印装质量问题，请与本社联系，本社负责调换。

版权所有·侵权必究

逐浪

阅己・悦己・越己

序言一

大五人格
——人格测评的集大成者

2006年我第一次接触大五人格测评工具，当时在翰威特咨询公司工作，对一家跨国公司Puratos（焙乐道）在中国的30位高管进行全面的发展模式的测评，通过向这些高管提出发展建议，让其提高自我认知。

后来，我把大五人格测评工具陆续介绍给了许多企业，比如中航集团、中国平安、中信银行、中国银行、中国移动、腾讯等。应该说，所有使用过大五人格测评工具的企业和个人都非常认可这个工具，并从中获益良多。

市面上的人格测评工具种类很多，但大五人格是集大成者。如果大家去检索心理学专业相关的文献，可以看到90%以上的人格测评理论都是基于大五人格理论演绎和发展起来的。换句话说，大五人格测评工具才是真正有科学依据的测评工具。

今天，倍智人才研究院基于过去20年对大五人格测评工具在中国的研究和实践，结合中国的常模数据，系统地介绍了大五人格在中国的应用。

我们只有正确地认知自我，才能改善自我，从而超越自我。大五人格测评工具给我们提供了一个非常好的镜子来认知自我。倍智人才研究院基于调查研究发现，65%左右的人的自我认知和实际情况的出入非常大。这也可以解释为什么大多数人无法完成自己设定的目标、无法过上自己想要的理想生活。

我们深知，人格是很难改变的，可以调整的是行为和动作。大五人格测评工具在让测试者"照镜子"的同时，提供了非常多可实操的改善建议。本书尝试从中国的具体实际出发，给读者或测试者一些具体的建议，从而能够起到改善或改变的作用！

这是中国第一本系统地介绍大五人格测评工具的书。倍智人才研究院在2015年4月出版了《大五人格心理学》的第一版，在2017年11月出版了《大五人格心理学》的修订版，经过6年多的实践和沉淀，我们在前两版的基础上做了较大幅度的调整，使其更易懂，也更易于应用！希望这本书能够得到大家的喜欢和积极的反馈！

认知自我，从大五人格开始！

倍智人才研究院创始人　许锋博士

2023年11月8日

序言 二

如果有人跟我谈MBTI，我一定会毫不犹豫地跟他说，如果你希望更加清楚地认识自己，你可以了解一下大五人格。大五人格作为一种被心理学研究成果广泛验证和支持的人格特质模型，会让你对性格的理解脱离简单的"归类"模式，进入一个更高的层面分析。

基于大五人格，倍智人才研究院有一门特别受欢迎的课程——"大五人格自我觉察工作坊"，这门课程常常被用在企业培训项目的启动阶段或团建环节。每次上课时，我发现一谈到性格的时候，大家的眼睛总是闪闪发光，对此充满了浓厚的兴趣。在课堂上，大家很快就把自己和身边的人套上大五人格的模型："我就是低尽责性的人，我不喜欢那么多规矩，为什么不可以随心所欲呢"，"我的好朋友××一定是个高外向性的人，他在陌生的人群中总是很快就能成为焦点"，"我们公司的××总是典型的高进取性，他决策的事情几乎没人能够改变"……大家之所以会这么感兴趣，其实是因为大五人格提供了一套完整的语言体系，让我们去认识、了解和评价一个人，并且这套语言体系很全面，也很好掌握。

在倍智人才研究院，每一个来应聘的面试者都会被邀请做大五人格测评，我们有自己的人才招聘标准，包括性格方面的偏好。例如，我们更喜欢高进取性、高外向性的咨询顾问。咨询顾问的工作是非常多变的，面对不同的客户就意味着面临不同的挑战，咨询顾问还经常面临短时间内的巨大压力。因此，咨询顾问需要发自内心地追求自我成就，才能坚持常年如一日地解决挑战性问题，还需要发自内心地喜欢多样性的东西，才能真正长久地保持对各种不同企业问题的好奇心。这些我们都会通过大五人格测评来获得信息，然后在面试中进一步验证。事实上，现在很多企业也和倍智人才研究院一样，在招聘的时候使用大五人格测评来挑选匹配的面试者，所以，作为读者的你很有可能在面试下一份工作的时候就会遇到性格测试哦。

　　当然，除了面试，大五人格测评很多时候还用在个人发展上。我常常和客户说，把大五人格测评结果和360度反馈结合起来是最完美的组合之一。为什么呢？大五人格测评反映的是每个人相对稳定的性格，不同性格的人会有不同的行为倾向，这个倾向是相对内在的你，或者可以更直观地理解为"天生的你"，而360度反馈实际上是来自你周边的人对你在日常生活中行为表现的评价。大五人格的测评结果可能和360度反馈的结果一致，也可能不一致。那么，如果一致说明什么？如果不一致又说明什么？我们说性格是相对稳定、不易改变的，但在实际行为中，每个人都可能根据环境影响做出改变和调整，大五人格测评结果和360度反馈结果是否一致，其实反映的是你受到社会环境影响时对自己的改变情况。我看到一个在性格上进取性得分并不是那么高的人，获得别人的评价却是非常有成就导向，非常坚持自己的意见；也看到在性格上宜人性得分低的人，常常表现出对别人利益的关心；我还看到一个尽责性得分非常低的人，在流程的遵守上却非常严谨……这些改变的动因首先都是来自对自我的清晰了解，其次才能在自我了解的基础上实现自我控制和自我完善。

虽然在生活和工作中使用大五人格测评的例子有很多，但是需要明确的是，性格测试不是判断一个人好与坏的工具。通过性格测试，其实我们获得的是更好地与人相处的方式，获得的是更好地发展他人的方式，获得的是更好地寻找合适匹配人才的方式。

需要注意的是，本书所采用的大五人格模型是在国外经典OCEAN模型的基础上，基于倍智人才研究院实践研究和大量常模数据积累进行调整后的模型，既借鉴和保留了原有经典五个特质的基本要素，又对部分维度进行了优化和重组，目的是更好地适用于企业人才管理和个人成长发展的认知及能力匹配需求。由于时间和研究深度所限，本书难免存在疏漏之处，还请大家理解和指正。未来，倍智人才研究院还会陆续推出关于大五人格测评如何在生活和工作实践中应用的书籍和文章，结合倍智人才研究院的研究及实践案例，把大五人格测试更加深入浅出地介绍给大家。

倍智人才研究院院长　沙添
2023年11月18日

目 录
Contents

第一章
人格五维度面面观

第一节　大五人格的源起 / 002

第二节　透析大五人格模型 / 011

第三节　宜人性——你能狠得下心肠吗？ / 018

第四节　尽责性——旅行，你会说走就走吗？ / 024

第五节　外向性——你是更趋向社交还是远离社交？ / 029

第六节　进取性——你能否HOLD住全场？ / 034

第七节　情绪性——给你的画像化个妆 / 040

第八节　情绪性的魔力——与其他维度的化学作用 / 046

第二章
人格维度的交互与融合

第一节 两个维度的交互——你所不知道的另一面 / 056

第二节 四个维度的融合——你属于哪个性格画像 / 062

第三章
性格画像大揭秘

第一节 全能的通才 / 074

第二节 适应力强的变色龙 / 081

第三节 低调内敛的专家 / 088

第四节 浪漫主义的理想者 / 096

第五节 漂浮的演示者 / 103

第六节 善于推销的推广者 / 110

第七节 务实的实效者 / 117

第八节 自我奉献的辅导教练 / 124

第九节 乐于助人的引导者 / 131

第十节 开放创新的倡导者 / 138

第十一节 传奇的创业家 / 144

第十二节 谨小慎微的传统者 / 151

第十三节　良师益友的开发者　/　157

第十四节　专注的建筑师　/　163

第十五节　好奇的探索者　/　170

第十六节　充满爱心的支持者　/　177

第十七节　沉稳的控制者　/　184

第四章
盘点领导干部　助力战略转型

第一节　转型战略　/　206

第二节　中层管理者在转型中面临的挑战　/　209

第三节　开展中层管理者盘点　/　212

第五章
识别高潜人才　拓展新兴市场

第一节　认识高潜：高绩效不等于高潜　/　229

第二节　识别高潜：系统化甄选流程　提高准确性和公平性　/　232

第三节　结果应用：评估决策，择优选择　/　239

第六章
应用大五人格模型　靶向发展人才

第一节　测训一体化，找准人才发展关键　/　246

第二节　开展自我觉察工作坊，加深自我认识　/　250

第三节　对标标杆企业，找准发力点　/　260

第四节　一对一反馈，个性化辅导　/　264

第一章

人格五维度面面观

第一节 大五人格的源起

中国古典四大名著之一《西游记》中的师徒四人个性鲜明、行为各具特色。

唐僧胸怀天下，惠及黎民百姓，为了求取真经而不惜远行去西天；他虽然为人善良、仁慈，但是同情心泛滥，经常对妖精讲慈悲，误会能识破妖精诡计的孙悟空。可见，唐僧虽然富有同情心，愿意为别人牺牲自己的利益，相信人性本善，具有强烈的道德责任感，但是他比较理想主义，过分信任别人，过于坚持原则。

孙悟空为求得长生不老之法，不仅"云游海角""远涉天涯""朝餐夜宿"，历经艰难曲折，还大闹天宫，不愿遵循天庭制定的条条框框，不服从管教，因此，被观音和唐僧用紧箍咒制服。后来，孙悟空一心保护唐僧西天取经，以求正果。可见，孙悟空意志坚定，坚持走自己的道路；做事谨慎、洞察敏锐并以结果为导向，不怕挫折，越战越勇；同时，他又性格孤傲，缺乏纪律性。

猪八戒从来不掩饰自己贪吃、贪睡、贪色以及贪生怕死的本性。在西天取经的路上，遇到一点儿挫折后，尤其是每当唐僧被妖精捉住时，他就吵着要分行李、散伙；经常被妖精的美色迷惑，难分敌我；但在取经路上，他对孙悟空还算得上言听计从。可见，猪八戒喜欢表现，性格活泼、开朗、率真，愿意听取别人的意见，但做事比较散漫，缺乏毅力，遇到困难容易动摇，对事情缺乏深度的理解。

在取经路上，沙僧在大多数情况下都是默默地做一些力所能及的事情，不像猪八戒那样会故意在孙悟空已经打死的妖精身上再加上一耙，刻意争功；总是在两个师兄都去降妖时，默默担负起保护师父的重任。可见，沙僧做事比较稳当，脚踏实地，不急不躁，很少抱怨，但容易被他人忽视，缺乏主动性，没有自己的想法。

立体的性格描述使得师徒四人的形象跃然纸上，成为刻在人们心中的经典人物形象。正如世界上没有两片完全相同的树叶一样，世界上也没有完全相同的两个人，每个人都是独一无二的。每个人行为上的不同展现其实是来源于性格的差异，也就是人格的差异。

那么，人格是什么？心理学对人格的定义是：个体在先天生物遗传素质的基础上，通过与后天社会环境的相互作用而形成的相对稳定而独特的心理行为模式。这一定义的具体解释如下。

- 人格是每个人能够区别于他人的、独有的心理上或行为上的特性。也就是说，人格能够区别人与人之间的不同，是因为每个人都具有独特的思考方式和行为方式。
- 人格是一个人的心理行为模式。也就是说，人格由内在的心理特征和外部行为方式共同构成，不是单一的心理特征或外部行为方式，而是心理特征与外部行为方式的多侧面、多层次与多维度的统一体。

人格的类型论和特质论

我们可能会根据自己属于哪种人格类型来向别人描述自己的人格特征，如支配型、影响型、成就型、思考型等；还可能会根据自己的具体人格特点进行来描述，如独立、擅长交际、诚恳、有责任感等。第一种描述人格的方式在心理学上叫作类型论，而第二种描述人格的方式叫作特质论。这就是当代关于人格观点的两个主要的心理学派。

人格类型论，根据某种标准把人格划分为多个类型，如果把一个人归类为某种类型，那么该个体就不能被归类为该理论的其他类型。例如，行为特质动态衡量系统（Professional Dyna-Metric Programs，PDP）将人群分为支配型、外向型、耐心型、精确型、整合型五种类型，这五种类型分别被形象化地称为"老虎""孔雀""考拉""猫头鹰""变色龙"。如果张三属于"老虎"型，那他就不可能是其他类型。

类型论能比较直观地将人进行归类，体现人与人之间质的差异（"有还是没有"），比较容易让人理解和接受。目前比较流行的人格测评工具，比如九型人格、DISC性格测试、PDP等的理论基础就属于类型论。但类型论也有其局限性。

- 类型论将多样化的人格概括为较少的几种类型，忽视了中间类型，如果将一个人划入某种类型，他就会只注意这种类型的有关特征，这样会导致简单化和片面化。
- 类型论容易将人格固定化、静止化，忽视人格变化发展的侧面。

与类型论不同，特质论并不把人格分为绝对的类型，而是用多个基本的特质来描述人的人格，每个特质都是对立的两端联系起来所构成的一个维度，任何人在这个维度上都有一个确定的位置。例如，进取性高低这两个极端构成一个特质，每个人在进取性高低之间都有一个确定的位置。

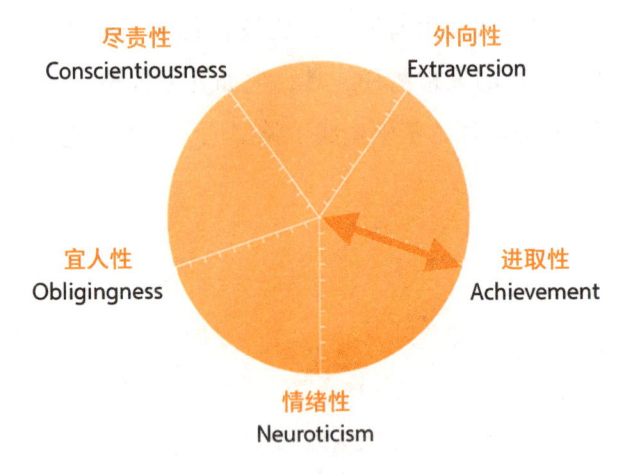

图1.1.1 进取性特质示例

因为特质论具有以下特点，同时能够通过人格测评来预测行为，使得特质论拥有广阔的应用领域，目前已经在心理学、社会学以及人力资源管理等领域得到广泛应用。

- 类型论是把不同人格类型之间看作相互独立、分离的，认为人们之间的差异是质的差异；特质论是通过不同人格特质的程度差异（量的差异）来区分人与人之间的人格差异。
- 特质论推崇人格是连续的特质，而不是相互独立、分离的，便于将人们进行比较，找到人与人之间特质水平上的差异。

延伸阅读　特质论的发展历史

托普斯和克里斯托：1961年，托普斯和克里斯托首先提出大五人格理论，他们通过研究发现有五种主要的特质维度可以涵盖人格描述的所有方面。在过去的半个多世纪里，大五人格模型得到众多心理学研究者的广泛验证，被认为是适合全人类的人格特质模型

艾森克：20世纪50年代，艾森克基于因素分析法编制了人格问卷，最早只测量了神经质维度，之后几经修订，最终形成较为成熟的艾森克人格问卷（EPQ），从神经质、外向性、精神质三个维度测量，但该问卷的人格维度特质较少，并且过分强调生物遗传维度

哈瑟韦和麦金力：20世纪40年代，哈瑟韦和麦金力合作编制明尼苏达多相人格测验（MMPI），但MMPI是一份临床量表，主要用来鉴别患有精神病或神经症的人，用它来测量管理者是不适宜的

雷蒙德·卡特尔：20世纪40年代左右，雷蒙德·卡特尔运用维度分析法把人格特质区分为表面特质和根源特质，提出了人格的16种根源特质，并编制出"卡特尔16种人格因素问卷"（16PF）。16PF可以广泛应用于人员的选拔和评定，但不能很好地应用于绩效管理

高尔顿·威拉德·奥尔波特及其兄弟：1921年，高尔顿·威拉德·奥尔波特及其兄弟出版的著作《人格特质：分类与测量》，被公认为第一本阐述特质论的著作，该著作把最能描述个性、最能说明某一个体人格5~10种的特质并称为主要特质。但该著作强调个体研究，不具有普遍性

图1.1.2　特质论的发展历史

大五人格模型应运而生

随着人格特质论被人们广泛接受,更多的学者开始深入探究到底可以用多少个主要特质来准确描述人格结构。一开始,众多学者研究得出的结论很不一致,每个人都有自己的观点:雷蒙德·卡特尔提出了人格的16种根源特质,艾森克提出了三个更为宽泛的人格维度……虽然这些人格模型各有千秋,但是它们都不是最令人满意的结构模型。

人们不禁要问:什么是人格的最佳结构模型呢?众多研究者的结论能否得到一个统一的结果?基于这样的考虑,1961年,托普斯和克里斯托通过二次研究发现,事实上只存在五个相对显著而稳定的特质维度,即开放性、责任性、外倾性、宜人性和神经质性,这就是著名的大五人格模型。1963年,美国心理学家诺曼根据托普斯和克里斯托的五维度结构,对雷蒙德·卡特尔的特质形容词分类进行研究,也得到了同样的五种特质维度。

根据这些研究结果,还不能肯定地说人格结构就是大五人格模型,因为大家的研究范围还是局限在卡特尔研究的基础上。

为了更好地确认大五人格模型,1967年,诺曼重复了以前所有的研究步骤,他从《韦氏第三版新国际英语词典》(1961年版)中选取特质形容词进行研究分析,也得到了同样的五种特质维度。之后,Digman和Takemoto-Chock(1981

年）、McCrae和Costa（1985年）、Goldberg（1989年）和John（1990年）等一大批学者进行了研究，均得到了五种特质维度。

到此为止，无论是参考雷蒙德·卡特尔研究的分类，还是从其他角度进行重新分析，都得到了同样的五种特质维度的结构。因此，自20世纪80年代后期以来，人格心理学研究领域取得一个重大的成果——大五人格模型逐渐被人们认同。大多数研究者的观点已经趋于一致：人格的基本结构由五种特质维度构成。

随着人格结构的"大五"模型的确立，专门的测评工具也逐渐建立起来。目前，比较流行的大五人格测评工具主要有伊莎贝尔和凯瑟琳开发的迈尔斯-布里格斯类型指标（Myers-Briggs Type Indicator，MBTI），诺曼开发的Facet5，罗伯特和保罗开发的NEO-PI，John、Hampson和Goldberg开发的BFI和倍智人才研究院开发的Talent5大五职业性格测评。

虽然不同研究者研究得出的五个维度不尽相同，但均有一定的相似之处，有五种特质可以涵盖人格描述的所有方面，已经被人们广泛接受为解释人格的标准化方法。

- 宜人性（Obligingness）
- 尽责性（Conscientiousness）
- 外向性（Extraversion）
- 进取性（Achievement）

情绪性或神经质性（Neuroticism）

这五个维度的英文首字母组合成英文"OCEAN"，代表了人格海洋。

而Talent 5大五职业性格测评在大五人格模型的基础上，通过大规模的数据测试，基于常模数据分析发现，可以通过宜人性、尽责性、外向性、进取性和情绪性这五个方面对人格进行分析和描述。本书关于人格的五个维度的分析和描述采用此观点。

近二十年来，大五人格模型的研究在西方取得了重大进展，以美国学者为首的一批人格心理学家将各种人格结构概念纳入统一的、系统的框架所取得的重大突破，改变了人格心理学长期以来由于概念过多和构想过多所造成的混乱局面。

大五人格模型为人格描述与解释提供了基础的、广泛的框架，被称为人格心理学领域的一场静悄悄的革命。从理论的角度来说，大五人格模型作为当代人格心理学的新型特质论，代表人格心理学最新的研究；从实践运用的角度来说，大五人格模型容易理解和表述，是建立在坚实的理论和心理测量学原理的基础上的，能够在不同的工作场合中使用。因此大五人格模型被广泛应用于工作中，尤其是人力资源管理的各个方面。

第二节 透析大五人格模型

我们身边可能出现过这样一些不同特点的人：在讨论时总是最先发言的人，比较固执，难以接受别人的观点；人群中的"开心果"，往往做事只有三分钟热度；热心地关心别人的人，有可能因为过于信任他人而损害了自身利益；做事认真严谨、井井有条的人，在面对突发情况时反应不够灵活……

人与人之间在偏好和行为上有一定的差异性，但又有一定的规律可循。研究这些规律，可以帮助我们更好地认识自己、了解他人，从而找到跟不同性格的人在工作和生活中相处的最佳模式。

下面我们运用大五人格模型来剖析史蒂夫·乔布斯这一典型人物，借此来反思自己或分析他人的行为模式，从而达到认识自我、了解他人的目的。

史蒂夫·乔布斯（1955—2011年），是世界著名发明家、企业家，苹果公司联合创始人及前行政总裁。1976年4月1日，乔布斯和他的朋友共同创办苹果公司，他经历了苹果公司数十年的起落与复兴，先后领导和推出了麦金塔计算机、iMac、iPod、iPhone、iPad等风靡全球的电子产品。乔布斯不仅在科技领域取得举世瞩目的成就，他的创造力和想象力还让其涉足众多领域，在娱乐业同样发挥了开创性的作用——他让苹果公司成了最大的音乐零售商，在担任皮克斯动画工作室投资人和首席执行官期间推动了电脑动画电影的普及。乔布斯从根本上颠覆了电子产品和数字媒体等多个行业领域，深刻地改变着消费者在日益数字化的世界里与科技互动的方式。

乔布斯是一个伟大的人物，有持续的创新精神和敏锐的商业嗅觉，甚至其特立独行、喜怒无常的个性也成为他人生传奇的一部分。

乔布斯极度自信，充满想象力且富有创新精神，他有段话令人们印象深刻，"有些人说：消费者想要什么就给他们什么。但那不是我的方式，我们的责任是提前一步搞清楚他们将来想要什么。我记得亨利·福特曾说过'如果我最初问消费者他们想要什么，他们应该会告诉我，要一匹更快的马！'人们不知道想要什么，直到你把它摆在他们面前。正因如此，我从不依靠市场研究。我们的任务是读懂还没有落到纸面的东西"。这段话体现出乔布斯渴求完美，不会退而求其次，拥有"扭曲现实"的说服能力，能将黑的变成白的、将不可能变成可能。正因为有如此强大的意志力，他才能影响他人、改变世界。

关于乔布斯，有人说他性格古怪、脾气不好；有人说他桀骜不驯、很难相处；有人说他自私自利、不愿分享……乔布斯喜怒无常、专制粗暴的管理风格也留下无数的故事，比如：他不喜欢某些员工或其想法时，会说其想法"愚蠢"；对自己认为无用的员工不给予补偿和安慰就直接扫地出门；对微软公司、谷歌公司和亚马逊公司等竞争对手更是毫不留情。

乔布斯的性格鲜明，那么如何用大五人格模型来直观形象地描述其性格特点呢？

表1.2.1 用大五人格模型描述乔布斯的性格特点

人格维度	高低水平	性格特点描述
宜人性	低	敏锐的商业嗅觉，专制粗暴、不近人情，自私自利、不愿分享
尽责性	低	一度被自己创立的苹果公司驱赶
外向性	中等	精力旺盛，对多个行业领域感兴趣，富有激情；乐群性和社交性较低，他身边的很多同事都认为他难以相处
进取性	高	有强烈的个人意见，渴求完美，拥有"扭曲现实"的说服能力
情绪性	高	喜怒无常，脾气差

大五人格模型包含四个人格维度和一个解释性变量。四个人格维度是宜人性、尽责性、外向性和进取性，本书第一章的第三节至第六节会分别对它们进行详细介绍。解释性变量是情绪性，实际上它也属于人格维度，并且能影响其他人格维度。当情绪性处于低水平时，整个人格会比较稳定和一致，人格变动的可能性不大。当情绪性处于高水平时，人格的变动性

更大，对行为的可预测性更小。所以，不管情绪性是高于还是低于平均水平，它都会对其他四个人格维度产生影响。由于情绪性的特殊性，本书会在第一章第七节至第八节对其进行完整翔实的介绍。

大五人格模型中，每个人格维度都有与之相关联的预期行为、动机、态度和兴趣。在每个人格维度上，不管水平高低，其行为偏好在不同的情景中都可能展现出积极或消极的一面，即存在一定的优势和风险。

表1.2.2 大五职业性格的五个维度概览

人格维度	描述	高分表现（7~10分）	低分表现（1~4分）
宜人性	宜人性考察个体对他人所持的态度，包括同理心、信任、利他，反映个体对合作和人际关系和谐是否看重	有同情心，能理解他人，相信人性本善，乐于助人，愿意为了别人放弃自己的利益，但防御性低，容易被骗，有时显得过于幼稚或理想主义	倾向于在商言商，会优先考虑个人利益，非常精明务实，是理性的现实主义者，容易忽略他人的感受，对他人持怀疑态度
尽责性	尽责性反映个体自我控制的程度，具体评估个体在行为上的条理性、精确性和责任感	有责任感，喜欢制订计划，办事有条有理、一丝不苟，按规则办事，倾向于靠数据说话，未雨绸缪，但有时显得墨守成规，不会灵活应变	偏好自由轻松的做事方式，能够快速适应环境和要求的变化，灵活应变，倾向于凭感觉做事，但容易被认为散漫、儿戏、不守规矩

（续表）

人格维度	描述	高分表现（7~10分）	低分表现（1~4分）
外向性	外向性评估个体喜欢他人陪伴的程度、对人际互动频率的偏好、个人的工作节奏和活力水平，即考察乐群性、社交性和活力程度	充满活力，乐于参与很多事情，喜欢与人接触，出入各种社交场合，显得非常自信、健谈，常常成为人群中的焦点，但可能过分需要他人的陪同，容易干扰到别人	安静沉默，不喜欢与外界过多接触，希望有更多的独处时间、有自己的个人空间，有时让人觉得有距离感，需要一段时间才能被他人了解
进取性	进取性考察个体的抱负、独立性、对抗性，即评估个体的目标感、想法和见解的独立性、对说服和影响他人的偏好程度	具有很强的目标导向，愿意为了自己的立场和观点与他人争论，对自己的能力非常有信心，倾向于采用自己的方式，但可能会被认为咄咄逼人、争强好胜	非常乐于向别人咨询和请教，善于听取他人的意见，愿意成为团队的一员，遵从团队的决议或指示，但可能容易动摇，过快地改变个人意见
情绪性	情绪性反映个体情感的调节过程，评估个体体验焦虑、忧虑、敏感等情绪反应的强度	情绪波动大，遇事容易紧张、焦虑、担忧，对批评和负面反馈特别敏感，容易感情用事	情绪非常稳定，遇事不慌乱、泰然自若，对批评和负面反馈毫不在乎，有时显得过于自满，认为自己无须做任何改变

  大五职业性格在各个维度上的特质展现还可以通过画像的方式来形象化地描述（图1.2.1）。

  在大五职业性格画像中，采用标准十分制来表示个体在每个人格维度上的高低倾向。标准分是一种相对地位，说明在人群中的相对位置，采用标准分便于统一标准和进行分数比较。简单来说，就是让常模群体都测试一下大五职业性格，从而获得每个人在五个人格维度上的原始分数，然后把每个人格维度上的原始分数从高到低进行排序，并将人群中排名前1%的原始分数范围转换为标准分10分，排名前4%的原始分数范围转换为标准分9分（参照图1.2.2），以此类推。这样，通过标准分的转换，就可以知道我们在人群中的相对位置，了解我们与大部分人的偏离程度。

一般而言，在评估人格维度分数时，个体更倾向于表现出该维度的低分行为，则得分在1～4分的区间内；个体更倾向于表现出该维度的高分行为，则得分在7～10分的区间内；若没有明显表现出低分行为或高分行为，则得分在4～7分的区间内。参照此范围标准，图1.2.1的大五职业性格画像中所描绘的

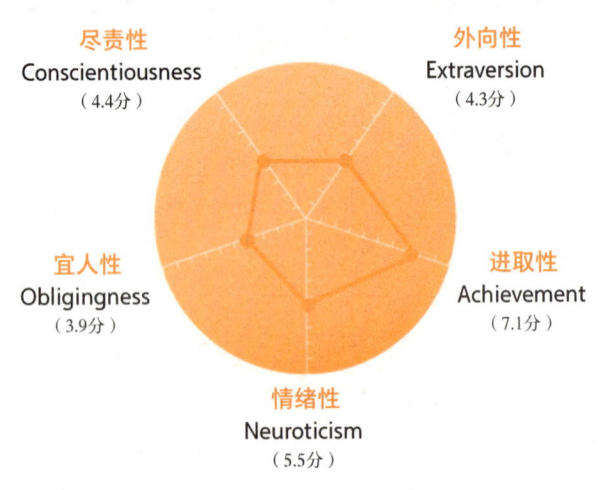

尽责性 Conscientiousness（4.4分）
外向性 Extraversion（4.3分）
宜人性 Obligingness（3.9分）
进取性 Achievement（7.1分）
情绪性 Neuroticism（5.5分）

图1.2.1　大五职业性格画像示例

性格特点在进取性上表现出高分行为，在宜人性上表现出低分行为，而在尽责性、外向性、情绪性上则处于中等水平。

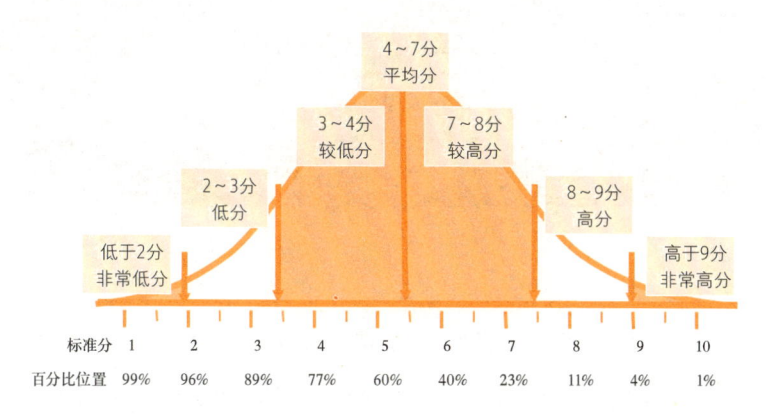

图1.2.2 标准十分制的高低偏向及在人群中的百分比位置

延伸阅读

正确认识常模

常模是由标准化样本测试结果计算而来。我们知道了测验者做某个心理测验会处于什么样的分数范围，然后将测验者的原始测验分数与常模的分数范围相比较，就可以知道测验者在群体中的位置了。

因此，常模是解释心理测验分数的基础，其作用是让测验者明白测验分数的意义。同时，常模具有时间性，会随时间的变化而改变，因此，我们必须阶段性地对常模进行修订。

常见的常模有标准分、百分位、智力年龄等。

第三节 宜人性——你能狠得下心肠吗?

某个项目到了关键节点遇到了高难度的问题,导致项目难以继续推进。在项目阶段性汇报时,项目负责人小王向领导们汇报了情况、讲述了困难。

领导董利益一向铁面无私,他对小王说:"项目前期的进展情况还是不错的。不过在项目开展之初,你就应该预知到这样的困境并提前做好准备。接下来你准备怎么做,以保障项目能够如期完成?"

领导艾心见气氛严肃,于是便出面缓和,说:"小王这不是觉得有难度才主动向我们汇报请示嘛。小王,这段时间辛苦你们啦,最初你也是临危受命,带领团队加班加点地把项目推上正轨。如今,项目遇到这样的问题,你先说说你的想法,我们再一起讨论,共同解决。你需要什么资源和帮助,我们会尽量提供。"

由于领导艾心的宽慰,小王说出了自己设想的解决方案、需要的资源和接下来会遇到的难题,并与领导们一同探讨最佳解决措施。

你能否在工作、生活中找到艾心和董利益的影子？高宜人性的艾心会关注他人的感受，愿意竭尽全力地为他人提供帮助，但有时会忽略商业利益，被他人利用。低宜人性的董利益更加精明、务实，关注最终目标和利益能否实现，不会因为他人的感受而影响个人判断，有时会显得冷漠而不近人情。

> **宜人性的心声：这对他人有什么影响VS这对我有什么价值**

宜人性（Obligingness）是指开放、真诚、有同情心、无私。一般体现在人际互动中是否关注或在意他人的感受，对他人是持信任还是怀疑的态度。

特蕾莎修女、甘地等人都是高宜人性的代表人物，他们真诚积极地对待别人，能理解、支持别人，富有同情心，并且忠诚无私，愿意相信别人，甚至牺牲自己的利益，让人感到温暖。他们思想开明，能接受新观念，但过于理想主义而稍显幼稚，容易心软，可能会被他人利用，导致损害自身利益。工作中可能会有这样的老好人，他们对同事有求必应，无法拒绝别人的请求。

低宜人性的人比较精明务实，在商言商，能很快抓住机会、利用机会，并迅速做出决定。有人会认为他们以自我为中心，没有同情心，野心太大，对任何人都不抱有任何幻想。

宜人性处于中等水平的人，会有一定程度的疑心，会悄悄地评估别人，并给予相应的支持和信任，但如果发现别人不值得信任，支持和信任就会被移除。

人格特质并无绝对的好坏之分，各种人格均有其优势和劣势，关键在于如何在不同的场合扬长避短，做出适合特定场景、符合社会预期的行为。

高宜人性和低宜人性的不同行为倾向均有其优势和风险（见表1.3.1）。

表1.3.1 高宜人性和低宜人性的优势和风险

项目	高宜人性	低宜人性
优势	√ 有同情心，关心别人 √ 愿意支持别人 √ 和善，对人真诚 √ 开明，能理解和信任别人	√ 讲求实际 √ 机敏 √ 精明 √ 在商言商
风险	√ 过于天真，容易受骗 √ 过于理想主义 √ 容易心软	√ 以自我为中心 √ 过于激进、愤世嫉俗 √ 有攻击性 √ 缺乏同情心

宜人性的子维度：同理心、信任、利他

宜人性包含同理心（Tender-mindedness）、信任（Trust）、利他（Altruism）3个子维度。

同理心：经常试着理解别人

同理心就是换位思考，用他人的眼睛看世界，穿他人的

鞋子走他们走过的路，感受他们的感受。例如，当同事被领导大骂一顿，同理心处于不同水平的人会怎么做？

高同理心的人可能会说："被领导骂了，你现在一定很难过，甚至有些生气、愤怒。我太理解你此刻的感受了，这真的不好受，我曾经被骂过一次，耿耿于怀了好久。不过，当我知道领导因为我犯的错也承受了很大的压力时，我就释怀了。"高同理心的人是很好的倾听者，他们乐于奉献，能够积极地响应他人的需求，让人感到温暖、觉得获得了理解和支持，也能够原谅他人的错误，给人第二次机会，但他们容易心软，没有批判能力，可能会牺牲自身利益去帮助他人，容易被他人利用。

看到同事特别难受，低同理心的人可能不知道怎么安慰对方，于是就默默地走开；又或者会安慰说："别难过了，领导今天心情不好，找人骂一骂，你以后躲开就好了。你以后也要注意把事情做好，别让领导找到借口骂你。"他们讲求实际，对他人、自身都有很高的要求，认为人们只有在监督和催促下才能把事情做好，也不容易谅解他人，因此显得过于严厉、苛刻，缺乏同情心。

信任：倾向于相信别人

我们经常在车站或马路旁碰到向我们请求帮助、索要路费的人。你是愿意相信他们，每次都伸出援助之手，慷慨解囊，还是心里默默地认为这些利用他人善心、占人便宜的人都是不可信的，直接忽视走开？

高信任的人会选择相信别人所说的话,即使最后他们发现别人在说谎,也能比较容易地接受别人的理由和道歉。在工作中,他们愿意分享信息,为了大家的幸福而共享资源。但高信任的人防御性低,容易受骗。

低信任的人则对别人有更多的质疑,能识别那些想要占人便宜的人。在谈判中,他们不会允许情绪性维度影响自己的判断,切实维护公司利益。为了达到目的,他们有时会不择手段,别人会认为他们过于现实、多疑、斤斤计较。

利他:把别人的利益放在首位

诸葛亮是三国时期的蜀汉丞相,为辅佐刘备达成"光复汉室"的大志而"鞠躬尽瘁,死而后已",他济世爱民,也深受百姓的拥护和喜爱。在刘备死后,对其子刘禅,诸葛亮也是"竭尽股肱的力量,报效忠贞的节气,直到死为止"。

2005年感动中国人物丛飞于2006年因胃癌扩散不治身亡。在其短暂的一生中,他先后参加了400多场义演,以并不丰厚的收入资助了183名贫困儿童,累计捐款捐物300多万元,进行各种慈善资助长达11年。丛飞的妻子邢丹说:"他超出自己能力的资助,在旁人看来十分夸张,在我看来却很自然,他性格就是这样,看不得旁人受苦,又经不起别人的哀求。别说这些贫困山区的孩子,就是普通朋友,只要软语相求,开口要他帮忙,不管是钱是事,他都会当个事情去解决,不太懂得拒绝别人。这是他的优点,但也是他的弱点。"

诸葛亮、丛飞都是高利他的代表人物，他们理解他人，相信人性本善，不会去评判别人，认为每个人都应有第二次机会。他们积极无私地帮助他人，认为人应该更多地给予而非索取，更愿意做对社会有所贡献、对他人有价值的事情，但有时显得过于理想主义或天真幼稚。

在当今的商业情景中，我们也不难找到低利他的人，他们需要看到自己的努力获得等价的报酬，认为付出就应该获得同样的回报。他们善于捕捉机会，专注于自身很快可以获得的利益，同时认为这个世界是残酷而现实的，防人之心不可无，需要时刻警惕不被他人利用，有时会为了维护自己的利益而操纵他人。

第四节 尽责性——旅行，你会说走就走吗？

某个项目即将启动，领导将此项目交给守规矩和任自由两名员工来共同完成。守规矩接到工作任务后，马上列了一份任务清单，与任自由一起讨论怎样在截止日期前有序地开展工作。就在守规矩井井有条地阐述工作计划，说明每一步的时间节点、关键阶段和可能遇到的风险时，任自由终于忍不住了，说："计划赶不上变化，没必要制订那么详细的计划。'兵来将挡，水来土掩'，让我们顺其自然吧！Take it easy。我们先各自开干吧，这会儿我还有事，就先走了。"守规矩只能自己制订好工作计划，做了任务分工，并发给了任自由。

在项目开展过程中，守规矩按原定的时间节点有序地完成了自己的工作任务，但每次询问任自由的工作进展情况，他要么拖延提交，要么搪塞敷衍。眼见时间一点儿一点儿过去，工作进展却十分缓慢，这让守规矩十分苦恼。

在项目即将结项时，突然收到项目验收标准调整的通知，这意味着很多的工作需要修改甚至重做，这让守规矩彻底崩溃了，不知该如何是好。任自由却安慰他说："别担心，这有什么好烦恼的，把项目验收最关键的内容修改了即可，其他的睁一只眼闭一只眼就行了。"但守规矩还是不放心，说："这能行吗？如果因为哪个细节被批评，那可怎么办呀？"最后，守规矩迫于无奈也只能按照任自由的建议去做了，还好项目在截止日期前勉强完成并过关了。

守规矩就是高尽责性的代表，而任自由则是低尽责性的代表。请对照一下，你更可能是这个案例中的守规矩，还是任自由？

尽责性的心声：按规矩计划来VS随意点，顺其自然

尽责性（Conscientiousness）是指自律、尽职尽责、有计划、井然有序，一般体现在处理事务的方式上。

我们日常生活、工作中都有旅游或出差的经历。高尽责性的人在出发前几天就先了解目的地的情况，做好计划，包括行程安排、要带什么生活用品、有什么风险需要提前防范。与之相反的另一类人——低尽责性的人，他们只是大致确定此次行程的目的，拉上行李箱就出发了，遇到突发状况，再灵活调整。

凡事都要事先做好规划、计划的人，在尽责性上处于比较高的水平。他们有自控能力，喜欢有秩序、有结构、有计划，办事细心，能够未雨绸缪，不断跟进并推动事情的进展，直到实现目标。他们尽责、忠诚，有职业道德，有强烈的

责任感，能严守行为准则，会进行建设性的自我批评，坚持以高标准要求自己，人们可以放心地信任他们会始终如一地履行职责。但他们的缺点是比较注重权威或规则，甚至只知埋头苦干、照章行事，适应变革的速度比较慢，偏于保守。

能来一场说走就走的旅行的人往往随心所欲，思想自由，做事方式灵活，秉持"今朝有酒今朝醉"的生活哲学，一切顺其自然，这些都是低尽责性的表现。他们能够灵活地运用规则，乐于挑战现状，能很快适应不同的境遇，也能快速上手新的任务，但有些人会认为他们缺乏纪律性，散漫，做事缺乏计划性，不谨慎，甚至不可靠。

尽责性处于中等水平的人对于自己在乎的事能够兢兢业业，遵守流程与规则。

高尽责性和低尽责性的不同行为倾向均有其优势和风险（见表1.4.1）。

表1.4.1 高尽责性和低尽责性的优势和风险

项目	高尽责性	低尽责性
优势	√ 有计划，未雨绸缪 √ 忠诚、可靠，有职业道德 √ 尽职尽责，实干 √ 尊重和维护秩序、结构	√ 做事方式灵活 √ 随心所欲 √ 思想自由，思维开阔 √ 临场发挥较好
风险	√ 独裁主义 √ 过于内向 √ 狭隘、不够宽容 √ 拒绝变革	√ 责任感不强，不谨慎 √ 不可靠 √ 注意力不集中，专注性不够 √ 无计划性

尽责性的子维度：条理性、精确性、责任感

尽责性的子维度包含条理性（Order）、精确性（Accuracy）、责任感（Dutifulness）。3个子维度的不同组合，让尽责性的外在行为展现变得更加丰富多样、立体生动。

海尔集团创始人张瑞敏带头砸毁76台不合格冰箱的故事广为流传，因为他认为有缺陷的产品就是废品。张瑞敏说："我要是允许把这76台冰箱卖了，就等于允许你们明天再生产760台、7600台这样的冰箱。放任这些有缺陷的产品，就谈不上质量意识。"张瑞敏这种对产品高要求、高标准的严谨态度，让他带领的海尔成了世界知名品牌。张瑞敏可能在尽责性上有高分的行为表现，甚至在条理性、精确性、责任感的子维度上都处于较高水平。

达·芬奇是画家、雕刻家、建筑师、音乐家、发明家、解剖学家、地理学家、制图师和作家，是意大利文艺复兴时期的代表人物，堪称史上屈指可数的全才。达·芬奇一生都行走在求知的路上，一方面他疯狂而偏执、怀疑一切、蔑视权威，有人视他为狂人，有人视他为疯子，其在条理性和责任感的子维度上都可能处于较低水平；另一方面，他是一名巨细无遗的观察家，对各类解剖观察得细致入微，并以极其精细的技法详细描绘出各种细节，他还设计、制作各种精密的机械装置，如滑翔翼、军用降落伞、机关枪、子母弹、含呼吸软管以猪皮制成的潜水服等。达·芬奇在精确性方面的高要求自然不

言而喻，但综合来看，他是一个尽责性较低的人。

条理性：做事有条不紊，遵循规则

高条理性的人稳健、自律，以长远的眼光看待问题，做事前会认真仔细地做好计划，不会匆忙行动，有始有终，负责到底，有耐心，有完美主义倾向。低条理性的人思想开放，工作方式灵活，不受条条框框的限制，凭直觉做事，学习能力强并可快速上手新任务。

精确性：重视准确性，基于事实做出判断

高精确性的人倾向于对资讯进行分析、统计，根据事实及数据做决策。他们注重细节和准确性，善于发现潜在的问题和风险，容不得一丝马虎大意，但被认为过于吹毛求疵、挑剔、苛刻。

低精确性的人倾向于抓大放小，不拘泥于细枝末节，不被小事牵绊。他们更喜欢凭感觉处理问题，很少注意细节，做事过于随意、不够仔细，有时会忽略潜在的问题和风险。

责任感：愿意承担个人的责任

高责任感的人做事认真负责，有强烈的责任感，严守个人的行为准则，自觉确保任务在可控的范围内正常有序地开展。然而，他们也存在死守个人的行为准则、因循守旧、丧失灵活性的风险。

低责任感的人可能被认为叛逆、轻率，缺乏责任感，他们更愿意让事情自然地发展而不加以控制和约束，能够快速地适应不同的境遇，并灵活地诠释规则。

第五节 外向性——你是更趋向社交还是远离社交？

××公司这个季度迎来了一批新员工，人力部门组织新员工进行培训。在开始培训前，培训师让大家先进行自我介绍然后自行分组。

郝新鲜自告奋勇地第一个跳出来说："我叫郝新鲜，江湖中人称'美食奇旅导航仪'，大家有什么想玩、想吃的一定要来找我。很高兴认识大家，欢迎跟我一组，也希望今天的培训大家都能玩得开心。"另一位新员工小王在自我介绍时眉飞色舞、手舞足蹈，还主动进行才艺表演，瞬间就活跃了现场气氛。其他新员工也陆续进行了自我介绍。

自我介绍后，大家分好了组并自行推荐小组长。这时，新员工陈默默站在人群外围，静静地听着小组成员讨论，心想："千万别让我当小组长，我可不想带领他人。真希望今天早点结束，给我一点儿私人时间，让我一个人待着。"

在人群中，我们经常见到郝新鲜和陈默默这两类人。高外向性的人如郝新鲜，他们交友广泛，很容易与他人打成一片，喜欢新鲜好玩的事物，喜欢受人瞩目、成为人群中的焦点人物；低外向性的人如陈默默，他们喜欢独处，享受一个人的时光，不太容易与陌生人建立关系，而一旦建立就能维持长久、稳定的关系。

外向性的心声：我们做朋友吧 VS 让我一个人待着

外向性（Extraversion）是指热情、善于交际、愿意参与人际互动，本质上对各种事情都感兴趣和感到兴奋。

在《红楼梦》中，王熙凤性格干练、泼辣、风风火火，一出场总是显得生龙活虎，处理贾府里的人际关系游刃有余，深得贾母的喜爱；林黛玉"喜散不喜聚""喜静不喜动"，不喜欢与别人进行社会交往，但又才华横溢，固守在自己的小世界里，有浓郁的诗人气质。从这两个典型的文学人物身上就可窥见外向性高低两端的行为特点。

高外向性的人被认为精力充沛，好动，对任何事情都兴致浓厚。他们喜欢热闹、擅长社交，乐于挑战新事物，能够适应不断变化的环境。由于他们反应过于迅速，可能会被人怀疑对事情是否有深入的见解，而且过分旺盛的精力会使他们许下超出自己能力所及的承诺。

低外向性的人比较安静，独善其身，专注于自己的领域，通过深思熟虑，获得自己独特的见解。他们比较害羞、沉默寡言和注重隐私，需要花较长的时间才能够了解他们，但是一旦了解，往往能与他们成为知己。他们不喜欢社交活动，有时会显得与人疏远、冷淡甚至冷漠，也可能会令人感到缺乏热忱，对新观念接受较慢。

外向性处于中等水平的人，当有需要时能够变得外向、主动、活泼。

高外向性和低外向性的不同行为倾向均有其优势和风险（见表1.5.1）。

表1.5.1 高外向性和低外向性的优势和风险

项目	高外向性	低外向性
优势	√ 积极、精力充沛 √ 热情、外向 √ 擅长社交 √ 乐观、友善	√ 安静 √ 谨慎 √ 含蓄、内敛
风险	√ 易于分心，不够专注 √ 过于爱展现自己 √ 容易干涉他人，不顾他人感受 √ 容易超出自己的能力许下承诺	√ 待人疏远、冷淡 √ 对新观念接受较慢 √ 不爱交际、沉默寡言

外向性的子维度：乐群性、社交性、活力

虽然同是高外向性的人，但是他们在具体的行为表现上仍可能存在差异。你可以回想一下身边的人：有一些高外向性的人交友广阔，在各种人际交往中都游刃有余；另一些高外向性的人虽然不是非常强大的交际能手，但是他们对各种事物都充满好奇心，表现出非常充沛的精力，愿意与团队一起行动。这种差异主要源自外向性的3个子维度——乐群性

（Gregariousness）、社交性（Sociality）、活力（Activity），前者是高社交性的人展现出的行为，后者则往往在活力、乐群性上有较高的水平。

乐群性：喜欢有人陪伴，享受团队工作

当需要解决问题时，高乐群性的人会求助于他人并进行讨论，寻求建议和帮助，通过团队协作的方式解决问题。他们喜欢他人的陪伴，与团队一起工作效率会更高。

当低乐群性的人面对需要解决的问题时，比起借助团队的力量，他们更倾向于依靠个人能力、借鉴自己过往的经验，独立思考并寻求解决方案。他人在一旁反而会降低他们的工作效率，单打独斗的工作方式能够让其发挥出最佳工作效率。

社交性：喜欢和人相处

请先问自己几个问题：个人的通讯录或微信朋友圈中，经常联系、互动的朋友有几个？周末是更喜欢组织一大帮朋友一起游玩，还是更喜欢自己一个人宅在家里？在社交场合中，是能够很自然地与陌生人搭讪、交谈，还是期望有人从中介绍牵线？

如果你有很多经常联系的朋友，能轻松地结交新朋友并建立关系，非常喜欢跟大家在一起，成为团体的一分子，那么你是一个较高社交性的人。可以推测，当你加入一个新团队时，会快速地认识团队成员，但可能会过多地干涉他人的活动。

如果你更喜欢一个人待着，较少公开表露自己的个人情感，注重隐私，比较沉默，那么你是一个较低社交性的人。在社交场合中，你可能会觉得不自在而尽量远离人群，这可能显得你特立独行、独来独往，也让人觉得难以亲近和了解。你可能朋友不多，需要较长的时间才能融入某个团体中，但一旦别人了解了你，往往能与你建立长久的良好关系。

活力：精力充沛，有很强的好奇心

高活力的人总是最快知道公司有什么人事变动、最近又有什么新电影上线、最新的潮流风尚是什么。他们对发生在自己周边的事情快速做出反应，充满热情，热衷于新观念，愿意带头做事情。如果要举办什么活动，他们总会快速地响应，热情地拉着大家一起讨论，但他们也有容易激动、冲动、过于爱展现自己的风险。

低活力的人更内向、安静，用更缓慢、不着急的方式看待事物，谨慎行动，往往三思而后行。他们对新任务不太感兴趣，有的人会认为他们冷淡、疏远、缺乏动力和激情。

第六节 进取性——你能否HOLD住全场？

又到了周例会时间，部门里的每个同事照例汇报了自己上周的工作进展。部门下周将开展一项重要工作，部门经理让每个同事都发表一下意见。因为邓等在平时的会议上很少发言，所以部门经理点名让其先说说自己的想法。邓等只好小心翼翼地说："我还没有想好怎么做，先简单讲讲，就当作抛砖引玉吧。我觉得我们可以先……我可能想得还不够全面，看看大家有什么更好的建议吧。"

邓等话音刚落，郑强马上就跳出来发言了："邓等的这个建议可行性不高，我认为应该……以前的活动我就是这么干的，听我的准没错。"

之后，其他同事也陆续表达了自己的想法，有的人支持郑强的意见，也有人表示反对和担忧。邓等觉得每个同事的想法都挺有道理的，但最终部门经理采用了郑强的方式来开展这项工作。

这样的工作场景，你是否觉得似曾相识？你在类似的工作场景中，是更偏向于郑强的高进取性表现，还是更倾向于邓等的低进取性表现？

进取性的心声：大家听我的VS听听别人怎么说

进取性（Achievement）是指有决心、有独立性、能坚持己见。进取性往往体现在对事物的意见和态度上，其内在动力是推销个人观点并改变他人的想法。

在推进工作时，高进取性的人可能会常说："这件事我做主，就按这种思路快速推进，不要再说了。"这类人有着坚定的信念，一心一意以目标为导向，往往被认为有支配力和决心，能够完全投入。他们敢于面对问题，有独立的见解且能坚持己见，即使面对众多反对意见和挑战，也能坚定地走自己的路，但可能会将自己的观点强加给他人，给人一种专制或咄咄逼人的感觉。

反观低进取性的人，他们可能会说："我暂时还没有想清楚，各位有什么更好的意见？"他们乐于向他人咨询和请教，没有很明确的观点。他们可能会过分迎合或依赖他人，比较有伸缩性，容易被说服，一旦受到挑战就会摇摆不定、改变观点，倾向于逃避问题。

进取性处于中等水平的人能表达自己的观点，并且在自己对某些事情特别熟悉和了解时会变得很坚持。

在工作中，低进取性的人一旦遇到高进取性的人，往往持"你说得挺对的，要不就按照你的思路办吧"的妥协态度，并很快采纳高进取性的人的意见。这两类人虽然表面和谐没有冲突，但可能因问题得不到充分讨论而潜藏风险。当两个同为高进取性的人碰到一起时，可能会出现唇枪舌剑的激烈争论场面，双方为了坚持各自的立场，谁也不愿意妥协。

当一群人一起吃饭时，你可以观察大家在点菜时的表现。有一类人常把"随便""都可以""你们点吧"等话语挂在嘴边，最终自己一个菜都没点，由此可以推断出此类人的进取性较低，将点菜的权利全部交给了他人。另一类人是一上来就先点几个自己喜欢的菜再交给别人选择，或是当大家犹豫不决时就会主动说"我来点吧"，他们对于要点什么菜早已有了决定，也会直接表达出来，这是进取性较高的表现。

高进取性和低进取性的不同行为倾向均有其优势和风险（表1.6.1）。

表1.6.1 高进取性和低进取性的优势和风险

项目	高进取性	低进取性
优势	√ 有支配力、有决心 √ 坚定、完全投入 √ 有推动力 √ 以目标为导向	√ 有伸缩性、灵活性 √ 适应性强 √ 愿意聆听别人的意见，与人合作
风险	√ 固执己见 √ 好辩论 √ 压制他人	√ 容易被说服 √ 依赖性很强 √ 优柔寡断、犹豫不决

进取性的子维度：抱负、独立性、对抗性

同是进取性高的人，行为表现上也可能有所差异。在工

作中，有些人对一切都采取对抗态度，无论遇到什么问题都要争个高低，他们可能并不关注争论的问题是什么，而关注如何胜过对方、赢得争论。有些人并不会过度与人争论，不会去说服他人接受自己的观点，但他们也不会轻易接受他人的意见，而是有自己的想法，坚持自己的信念，倾向于"走自己的路，让别人说去吧"。

这些个体差异主要来源于进取性的 3 个子维度：抱负（Ambition）、独立性（Independence）、对抗性（Competitiveness）中的高低差异。第一类人往往在进取性的子维度中有特别高的对抗性；而第二类人可能在抱负和独立性上表现得特别明显，反而在对抗性上水平较低。

抱负：追求成功，有目标感

为了创业孤注一掷的人往往抱负较高，他们会因为内心对目标的强烈渴望而异常坚定，为了达成目标不顾家人、朋友的劝阻或反对。抱负较低的人则是一旦遭到周围人的劝说，或者遭遇困难、挫折，就会摇摆不定、改变主意。

在日常工作中，高抱负的人渴望成功，会显得非常坚定，为了达到目标不惜牺牲个人原则甚至不择手段。他们重视个体竞争和对个人成果进行奖赏，更愿意扮演有影响力的角色去改变他人的想法和行为，认为给他人设置清晰的目标和阐明事物非常重要。

低抱负的人会在定目标、下结论前先看清事情的全貌、掌握足够的证据，谨慎地做决策，不会轻易夸下海口，但可能犹豫不决，有时显得比较有针对性，没什么雄心壮志。

独立性：倾向于用自己的方式做事

有一个朋友在换工作时同时接到了两个offer。两份工作各有利弊，他一时之间难以抉择。他将两个工作的优势和风险做了列表进行对比，花时间反复思考、验证自己的想法，也向别人阐述个人观点寻求建议，但最终还是自己做决定。这个朋友是高独立性的代表之一，倾向于独立解决问题，即便遭到反对，也会聚焦于自己的目标而不受他人的影响。但这类人可能缺乏伸缩性，不愿改变和适应，如果不能担任领导就不愿加入团队中。

低独立性的人若为团队导向，他们不太可能采取激进的、独特的观点，更愿意向他人咨询和请教，在团队会议中讨论个人观点以便获得团队的肯定和支持，或者根据团队意见修改、调整个人观点。例如，在高考挑大学、选专业时，很多学生会以家长、朋友的意见为主导，或者深受社会媒体、舆论导向的影响，却恰恰忽略了最重要的一点——个人的兴趣和内心的想法，他们可能过于依赖他人，容易被人牵着鼻子走。

对抗性：喜欢竞争，有说服力

对抗性可以在各种辩论会或谈判中观察到。在火药味浓重的辩论和谈判中，高对抗性的人敢于直面问题，不畏挑战，采取面对面的战斗姿态，为自己的观点辩护。但他们非常好辩论，不愿听取他人的意见，会把自己的看法强加给他人，显得专制而咄咄逼人。

低对抗性的人没有强烈的个人观点，倾向于回避辩论或谈判这种需要正面争论、冲突的场景，他们不愿意面对问题，容易被他人的论点所动摇，过于顺从或迎合他人，容易在争论中做出让步。他们的优势是态度温和、不偏激，能够倾听他人，容许别人阐明或解释自己的观点，更容易接受他人的意见，比较民主，努力寻求达成一致的共识。

第七节 情绪性——给你的画像化个妆

郑善感和陈静都是高尽责性且高进取性的人,但郑善感是高情绪性的人,而陈静是低情绪性的人。在日常工作中,这两个人都有自己独特的见解,以目标为导向,做事有计划性,能一步一步地向前推进工作。

如果这两个人负责的某项工作都发生了巨大变化,面临着推倒重来的风险,却仍被要求在规定时间内高质量地完成任务,在这种突发的压力情境下,她们可能会有不同的情绪反应和行为表现。

低情绪性的陈静比较自信、淡定,即使面对压力和挑战,自己的行为偏好和处事风格还是与日常的工作表现保持一致,不会有太大的波动起伏。陈静可能会根据目前变化的情况,自己做出判断、决策,然后调整原有的计划,同时加快工作进度以确保自己能在截止日期前完成任务。但她有可能为了尽快完成任务而忽略一些问题或风险。

高情绪性的郑善感在情况发生变化时就开始焦虑不安,害怕事情的发展脱离自己的控制范围,担心无法在规定时间内完成任务。如果此时别人对她的观点或做法提出疑问或异议，她可能会出于防御而产生过激的反应：与别人辩论、争吵、听不进别人的解释，显得情绪激动，甚至有可能丧失理性的判断。另外，她会不断地设想各种可能的风险和解决方案，以便牢牢控制事态的发展，并加班加点地工作，在完成任务的同时，可能也透支了自己的身心，让自己和周围的人感到疲惫不堪。高情绪性的人在压力情境下，更多将其高尽责性、高进取性中的负面情绪激发出来，让自己显得固执、极端。由于这类人每次都能认真地对待各项事务、按期完成，常常被委以重任。

郑善感和陈静虽然都是高尽责性且高进取性的人，但在压力情境下有不同的行为模式，这就是在高低情绪性水平的影响下产生的结果。

了解情绪性：情绪冰火两重天VS云淡风轻，宠辱不惊

情绪性（Neuroticism）是大五人格模型中非常特殊的一个维度，它与其他四个维度互动而影响自信、应付压力的能力和个人情绪状况。即使两个人属于同一个性格画像，日常的行为表现较为类似，但由于两人的情绪性不同，在某些特定的突发压力情境下，两个人的外在行为表现仍会有所差异。

情绪性描述的是人们对于外部变化的反馈程度，会改变和影响个人在他人眼中的形象。假设领导有一天突然找你，说要和你谈话，你会有怎样的心理活动？

如果你非常忐忑不安，心想："领导为什么突然找我谈话？我是不是做错了什么事情？"那么，你的情绪性可能较高，比较在乎他人的看法，担心自己出错，也可能为了让自己变得更好而做出改变。高情绪性的人会尝试着理解、同化外部刺激，他们永远不会停止改变，相信自己始终会进步。当他们情绪高涨的时候，会显得有魅力，能使人振奋，但他们的情绪也容易起伏、难以预测，容易感情用事。他们更多地感到忧虑，显得过度敏感，对自己缺乏信心，需要别人更多的支持和鼓励。高情绪性的人有时会有掩饰性，有些人可能喜怒不形于色，并不是说他们真的没有情绪，只是当他们产生情绪时，不一定都表现得特别明显、让他人感知到，他们会将情绪进行自我转化或将其压抑、隐藏，这也是为什么有的人要么不发怒，要么就大爆发。

如果你什么都没想就走进了领导的办公室，即使真的受到领导的指责、批评也"虚心听取但坚决不改"，做到宠辱不惊，那么你的情绪性处于较低水平。低情绪性的人面对压力时不会慌乱和惊恐，一切顺其自然，一般来讲会更为自信。低情绪性的人可能会将负面评价放在一边，从不担心自己是怎样的，坚持走自己的路，在行为上比较稳定和可预测，但有些人会认为他们平淡无味，不容易被改变。

情绪性处于中等水平的人对周围的事物会比较敏感，一些特别的事情也许会引发他们的恐惧或焦虑，但是不会持续很久，因为他们内心有一部分核心是不会变的。他们对自己比较满意，安于现状，也能根据环境的改变而尝试新鲜事物。

高情绪性和低情绪性的不同行为倾向均有其优势和风险（表1.7.1）。

表1.7.1　高情绪性和低情绪性的优势和风险

	高情绪性	低情绪性
优势	√ 容易兴奋 √ 反应快 √ 有感染力和带动性，能鼓舞人心 √ 有洞察力，会不断提问 √ 乐于学习和发展	√ 遇事稳定，不慌乱 √ 有一贯性，可预测 √ 自信、冷静，在逆境中顺其自然 √ 善于应对危机 √ 积极向上，能够自我激励
风险	√ 反复无常、难以预测 √ 感情用事、心烦意乱 √ 忧虑、缺乏信心 √ 易变、不一致 √ 直到某项任务结束，否则不愿意停止 √ 需要反复确定 √ 易受工作环境和他人的影响	√ 自满，高估自己的能力 √ 低估风险 √ 拒绝成长，认为智力维度比个人后天发展更重要 √ 不易动情 √ 缺乏激情、沉闷 √ 感觉不到他人的焦虑

情绪性的子维度：焦虑、忧虑、敏感

情绪性包含焦虑（Anxiety）、忧虑（Unease）、敏感（Vulnerability）3个子维度。焦虑一般是对事情进展、时间期限感到紧张，如"我明天有事情A要做，有任务B得完成，还有一堆杂七杂八的事，估计加班都处理不完，好焦虑，今晚又失眠了……"忧虑是对未知事件、未知领域的担忧，如"领导

给我派了个新任务，我以前没做过，没什么经验，怕自己做不好，好担忧，我该怎么办？"敏感是受到负面评价时会变得气馁，需要很长时间才能恢复，如"领导批评了我，哎，我连这点儿小事都做不好，真是糟糕透了！"

焦虑：遇事和受压易紧张焦虑

假如明天要参加一场非常重要的谈判，高焦虑的人总是担心会出错，在谈判前一天晚上会在脑海中反复预演第二天的情景，考虑谈判中各种可能会出现的问题和风险，给自己过大的压力而导致失眠或睡眠质量下降。这类人总是处于精神紧绷、如履薄冰的状态，尤其是当重要事情临近时容易感到紧张和焦虑。

面对同样的情景，低焦虑的人乐于顺其自然，处之泰然，在谈判前一天晚上也能轻松地呼呼大睡。他们觉得没什么可担心的，很少体验到巨大的压力，也容易将压力遗忘，但对各种事情可能都不会积极地做出反应，对什么事情都不关心。

忧虑：谨小慎微，不盲目乐观

当上级下达一个没有过往经验可供参考的任务时，低忧虑的人可能很乐意接受任务，并且态度积极，对事情的发展充满信心，乐观地相信事情会越来越好，感到自信和轻松。高忧虑的人可能会因想待在自己熟悉的领域而拒绝任务，如果接受任务则不做任何预设想，不会过分乐观，相信成功更多地依靠努力而非运气，他们会在事情有了清晰、明确的走向后才下定论，并且会重复检查以免出错。

忧虑无论高低，均有各自的风险性。低忧虑的人思想前卫，对自己的生活很满意，不担忧未来，其行为有一贯性、可预期性，但有时会盲目自信，未能预见困难，因而会忽略一些风险。高忧虑的人对自己的生活不太满意，持悲观、消极的态度，以不太确定的眼光看待事情，有时显得情绪化或过度谨慎，如果有重启人生的机会，他们想做很多不一样的事情。

敏感：易被负面评价影响和打击

高敏感的人对他人的负面评价异常敏感、耿耿于怀，总觉得自己不够好，所以努力寻求各种机会改变自己，但容易对自己过于苛刻，同时需要较长时间才能从负面评价中恢复过来。

低敏感的人对负面评价毫不在乎，有时会显得过于自满，认为自己无须做任何改变，从而无视别人的批评。

第八节 情绪性的魔力——与其他维度的化学作用

不同于其他四个维度，情绪性并不独立影响人的性格特征，而是通过与其他四个维度相互交织，作用于人的整体性格。

高宜人性且高情绪性的人看不得别人受苦，经不起他人的哀求，容易"爱心泛滥"；高宜人性但低情绪性的人会在权衡个人能力后尽量帮助他人。相较于低情绪性的条理分明、从容有度，高情绪性会让高尽责性的人更加事无巨细地关注到任务的每个环节，过分追求完美而显得有压迫性。高外向性的人在高情绪性的催化下看起来更风风火火、咋咋呼呼，若情绪性处于较低水平则在频繁的人际互动中，言谈举止合于礼、进退有度。高进取性的人在高情绪性的影响下，遇到不同意见和质疑时，容易与人争执、吵闹起来，甚至大打出手；低情绪性的人比较冷静，会就事论事地与对方进行辩论。

总的来说，高情绪性会"丰富"一个人的行为——让他们看起来更加个性鲜明；低情绪性会"磨平"一个人的行为——让他们看起来较为平稳。

情绪性处于中等水平让各种人格特质的表现较为一致和可预期，在意识到周围正在发生什么的同时，以恰当的方式做出回应。因此，在一般情况下，中等水平的情绪性对其他维度的解释并没有太大的影响。可一旦个体体验到挫败、丧失自信或感到巨大压力，其原本的人格特质就可能会得到强化而"变本加厉"。例如，一个高尽责性、中等情绪性的人，当他知道会议要延迟或某件事的截止日期被更改了，就会感到焦虑不安。

高情绪性的渲染作用

高情绪性就像气球内部的气体，当情绪波动时，气球会忽大忽小，外部感知到的行为轮廓就可能有较大的变化幅度。情绪性处于越高水平，其行为就越不稳定、越难预测，我们基于其他四个维度预测出的个性形象就越不准确。如果某人在某个时刻变得"不像他自己"，那么他很可能是受到了高情绪性的影响。

高情绪性的人在日常生活中会更多地突出其他四个维度（宜人性、尽责性、外向性、进取性）中的负面行为，他们可能会敏锐地感知到环境的变化，容易出现过度反应或者情绪失控。另外，也正因这种灵敏性，让高情绪性的人乐于调整行动去适应环境，有更大的潜能去成长和发展。

高宜人性的人更愿意相信他人，但一旦受到批评就会自我怀疑，完全不考虑自己，容易被他人利用，他们经常承担着枯燥、单调的工作，把有趣的事情留给别人去做；低宜人性的人容易变得挑剔、愤世嫉俗，如果他人不按照他的想法去做，就会苛责他人，也容易因对某件事不感兴趣或进展缓慢而丧失耐心——这些都是在高情绪性的作用下激发出来的。

当情绪性处于较高水平时，高尽责性的人更追求完美，容易吹毛求疵、过度苛责，处于压力情境下时，他们会抱怨环境、条件、设备等因素；低尽责性的人不做长远的计划，当事情发生变化时，认为自己能控制事态的发展，但事实上他们往往会忘记真正重要的事情，对例行公事也缺乏兴趣，容易对重复性和细节性的任务不耐烦。

在高情绪性的强化下，高外向性的人会展现出更多的言语和肢体语言，对周围的事物感到兴奋、反应迅速，在想清楚问题之前就先采取了行动，往往会忽略一些风险和问题，因此显得缺乏预见性和计划性；反之，低外向性的人显得更为沉默寡言，避免社会交往，显得不合群。这类人只关注自己的事情，往往能成为商业领域中的专家，他们从不打无准备之仗，但可能会被别人认为冷漠，不易亲近。

高情绪性会让高进取性的人的观点变得更为坚定，不容易被说服，更容易出于防御、自卫而与别人争执，可能会脱离就事论事的正轨，变成不合逻辑的胡搅蛮缠，因此显得倔强、固执；反之，会让低进取性的人变得更害怕直接对抗而极力避免冲突，对自己的观点和行为缺乏自信，更为拘谨、沉默，在激烈的讨论中很难表达个人的观点。

低情绪性的稳固作用

情绪性低的话，我们基于其他四个维度预测出的个性形象基本上是可靠的。一个人今天和明天的行为表现基本是一致的、可预测的。他们平静、从容不迫，即使处于压力情境下，也保持一贯的自信，而不会过度反应。当情绪性处于较低水平时，我们可预测此人的其他四个人格维度能更多地展现出优势的一面，较少出现负面行为。

当情绪性处于较低水平时，高宜人性的人会一贯地保持开放性、相信他人、以他人为中心，但不会天真地、轻易地相信别人，会在牺牲自身利益前及时悬崖勒马，提高自我保护能力；低宜人性的人更讲求实际，允许各种可能的观点和讨论，他们会主张现实的、实际的解决方案，而较少用具有侵略性、愤世嫉俗的方式来解决问题。

低情绪性会让高尽责性的人明确哪些事情是最重要的，更凸显其本分、忠诚、认真、负责、可靠、值得信赖的一面，而抑制其僵硬、死板、吹毛求疵、独裁主义的一面；还能有效地抑制低尽责性的人自由、散漫等负面行为，因为低情绪性的自信、放松能让低尽责性的人表现得更为自然松弛，从而让他们更有动力去改善自身的组织能力和计划性。

在低情绪性的强化下，高外向性的人的精力和热情不会被削弱，但会降低其波动的幅度，让其表现出一贯富有活力的样子，会使他们独自工作的能力提高，也不会过度干涉别人；低情绪性可以促使低外向性的人更偏好于划定私人空间、独自工作，同时低情绪性会使其处理社交问题或进行团队合作时变得更容易些。

低情绪性会让高进取性的人更多地表现出有决心的积极的一面，较少表现出傲慢、防御性、好辩论的消极的一面，他们会说清楚情况，聚焦自己的目标，而不会把过多的时间浪费在强迫他人改变意见上。低情绪性则会增强低进取性的人在做决策前分析不同观点的能力，并使他们的依赖性和犹豫性降低。当然，由于低情绪性一贯轻松、自信，也可能让他们对外界的意见和反馈无动于衷，从而丧失改进和提升的可能性。

课后小练习

练习1-1

请你根据表1.2.1中用大五人格描述的乔布斯的性格特点，用标准十分制大致描绘出乔布斯的大五职业性格画像。

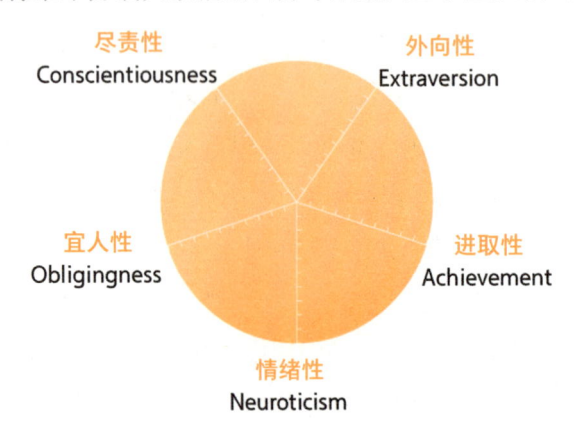

尽责性
Conscientiousness

外向性
Extraversion

宜人性
Obligingness

进取性
Achievement

情绪性
Neuroticism

第一章　人格五维度面面观

练习1-2

请你根据大五职业性格每个维度的内容,对自己的人格维度进行自我评估,用标准十分制描绘出个人的大五职业性格画像。

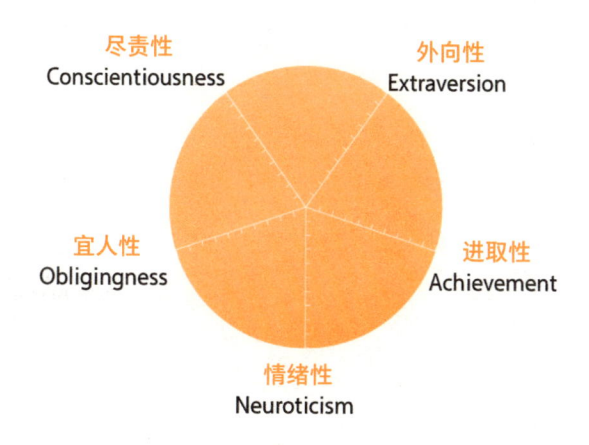

尽责性 Conscientiousness

外向性 Extraversion

宜人性 Obligingness

进取性 Achievement

情绪性 Neuroticism

练习1-3

请判断表中的形容词是高宜人性的表现还是低宜人性的表现,并在对应的表格中打"√"。

形容词	高宜人性	低宜人性
精明		
开放		
幼稚		
愤世嫉俗		
务实		
在商言商		
易受摆布		

（续表）

形容词	高宜人性	低宜人性
包容		
机敏		
真诚		
软弱		

练习1-4

请判断表中的形容词是高尽责性的表现还是低尽责性的表现，并在对应的表格中打"√"。

形容词	高尽责性	低尽责性
自由		
轻率		
可靠		
古板		
谨慎		
创新		
散漫		
尽职		
思维开阔		
未雨绸缪		
放荡不羁		

练习1-5

请判断表中的形容词是高外向性的表现还是低外向性的表现，并在对应的表格中打"√"。

形容词	高外向性	低外向性
精力充沛		
安静		
擅长交际		
干涉他人		
冷淡		
谨慎		
注重隐私		
外向		
容易分心		
无动于衷		
漠不关心		
积极主动		

练习1-6

请判断表中的形容词是高进取性的表现还是低进取性的表现,并在对应的表格中打"√"。

形容词	高进取性	低进取性
坚定		
有依赖性		
独裁		
顺从		
灵活		
固执		
果断		
优柔寡断		

（续表）

形容词	高进取性	低进取性
目标明确		
随和		
配合		
武断		

练习1-7

请判断表中的形容词是高情绪性的表现还是低情绪性的表现，并在对应的表格中打"√"。

形容词	高情绪性	低情绪性
敏感		
难以捉摸		
稳健		
顺其自然		
无动于衷		
易兴奋		
自信		
反应迅速		
有一贯性		
缺乏激情		
感情用事		

第二章

人格维度的交互与融合

第一节 两个维度的交互——你所不知道的另一面

宜人性、尽责性、外向性、进取性这四个人格维度并非完全独立,它们有一定的内在关联性,在一定程度上相互影响,从而使每个人的个性都更加形象立体。如图2.1.1所示,四个维度两两之间有两种关系,一种是相对关系,如宜人性和进取性、尽责性和外向性;另一种是相辅关系,如宜人性和尽责性、宜人性和外向性、尽责性和进取性、外向性和进取性。

尽责性 Conscientiousness
外向性 Extraversion
宜人性 Obligingness
进取性 Achievement
情绪性 Neuroticism

←--→ 相对关系
←—→ 相辅关系

图2.1.1 四个维度两两之间的关系

有相对关系的两个维度：此消彼长的可能性较大

宜人性与进取性、尽责性与外向性这两组相对关系此消彼长的可能性较大，即当一方处于高水平时，另一方可能处于低水平。但并不是说相对关系中的两个维度不能处于同高或同低水平，而是这样的情况在人群中的比例较小，一般而言出现的可能性较低。

同时，在相对关系中，有两种情况值得我们注意：一是同样的行为表现却是在不同的人格维度影响下产生的；二是某一人格维度处于同样水平，却因为另一人格维度的水平高低，最终影响个人外在的行为表现。

例如，前文中提到的董利益和郑强，两人外在的行为表现可能都是强硬、不近人情、不易妥协，但看似相同的行为却是在不同维度的驱动下表现出来的。董利益是受低宜人性的影响，从最终目标和利益出发，不关注或不在乎别人的想法和感受；而郑强是受高进取性的影响，有自己的主张，坚持自己的观点，不会轻易被别人说服。这就是在低宜人性或高进取性的影响下却有同样行为表现的例子。

宜人性和进取性两者水平的高低是如何相互影响的呢？若两个人都是高进取性的人，但因宜人性水平不同，在进取性的行为表现上就会有所差异。高宜人性、高进取性的人，虽然有自己的主张，但会先倾听其他人的意见，假如觉得他人说得不对、不合理，就会直接忽略而坚持自己的想法，同时会采用委婉的方式说服他人改变想法；低宜人性、高进取性的人，可能完全不在意别人的眼光和评价，自己认为正确就坚持到底，有时甚至不惜与他人争辩、起冲突，以捍卫自己的观点和权益。同样，低进取性、高宜人性的人会因为顾及他人的想法和感受，以他人为中心，而改变或放弃自己的主张；低宜人性的人可能因为自己没有什么强烈的主张，在不影响自身利益的前提下，别人说什么就是什么，不会有什么异议。

举例来说，同事A、同事B同为高宜人性的人，但因为进取性的水平不同，两人给别人的感觉不尽相同。当有人求助时，同事A会马上放下手头的工作，做出回应并提供帮助，给人一种如沐春风的感觉；当有人请求同事B提供帮助时，他会先对情况进行判断，然后才会有所行动，所以别人会感觉同事B没有同事A那么乐于助人。这是因为同事B在高进取性的影响下，对事物有自己的独立判断和主张，在做出决定后才会表现出高宜人性的行为；同事A在低进取性的影响下，会优先考虑别人的感受，帮助别人处理问题。

在尽责性和外向性这对相对关系中，也存在着上文提到的两种情况。低尽责性的任自由不愿被条条框框约束，不愿按部就班，当心情好时就做一做事情，心情不好时则听之任之，往往快到截止日期才匆匆忙忙完成任务。而高外向性的郝新鲜风风火火，对什么事情都是三分钟热度，容易虎头蛇尾，往往号召大家开始干某一件事情后，自己就放任不管，又跑去做其他新鲜、有趣的事情了。这两种人都很难把一件事情从开始跟进到结束，让人产生不靠谱的印象，虽然他们有看似相同的行为表现，但受到了不同人格维度的影响。

尽责性和外向性两者水平的高低也会相互影响。同为高外向性的两个人，都会对很多事情感兴趣，高尽责性的人会坚持把每件事情都规划好，一步一步地做完，但由于想做的事情很多，所以经常同时做很多事情而让自己忙得不可开交；低尽责性的人则是"三天打鱼，两天晒网"，某件事刚开了头就又被另一件事吸引过去，导致没有几件事是能坚持完成的。同为低外向性的两个人都更愿意自己一个人待着，专注于自己的事情。尽责性较高的人更可能是学术型的专家，有计划性、严谨地研究自己领域的问题；尽责性较低的人可能是自由散漫的艺术家，因为某一刻的有感而发而灵感闪现、思路大开。

有相辅关系的两个维度：在联动中加深认识

在大五职业性格画像中，每个人格维度都与另外两个维度相辅相成，包括宜人性和尽责性、宜人性和外向性、尽责性和进取性、外向性和进取性四对相辅关系。将相辅关系的两个维度联动起来，能让我们更深刻地认识到每个维度中自身的特点。

在接近截止日期，个人的工作任务还未完成，又有其他人求助的情况下，大家采取的不同行为方式就会折射出在宜人性与尽责性交互中的人格特质。同为高宜人性和高尽责性的人会比较纠结或辛苦，他们要么会因为只能顾一边但顾不到另一边而责怪自己，要么会为了顾全两边而加班加点，让自己承担过多的责任。如果两个维度一高一低，就要看哪个维度高于另一个维度，宜人性更高就倾向于暂时放下个人工作，优先帮助他人解决问题；尽责性更高则可能拒绝他人的请求，专注于按时完成个人任务。

在人际交往中，我们可以窥见宜人性与外向性的互动关系。有的人喜欢与他人进行互动，并且在人际交往中会倾听他人的想法、理解他人的感受，这种活跃的知心人通常宜人性与外向性均高，在团队中很受欢迎。与之相反，有的人不喜欢与人交往，也不关注他人的问题和感受，默默地做自己的事情，独来独往，这种行为通常是宜人性与外向性均低。低宜人性、高外向性的人喜欢成为众人瞩目的焦点，乐于参与很多事情，但对他人的感受不是很在乎，可能会过多干涉他人的事情，对他人而言较有"侵犯性"。高宜人性、低外向性的人比较沉默寡言，不是特别活跃，但愿意为大家排忧解难，提供支持和帮助。

综合尽责性与进取性这两个维度时，设想一下你在四种不同人格特质的领导手下工作会怎样。第一类是高尽责性、高进取性的领导，他对工作有明确的目标和想法，同时会做好时间计划，阶段性地询问下属的工作进展，以确保在计划期限内实现目标，但可能因为过程控制过于紧密而让下属倍感压力。第二类是低尽责性、高进取性的领导，他同样对工作有目标、有追求，不过在明确目标和确定好任务完成期限后就不再过问，全权放手让下属去开展工作，下属不主动汇报，他也不会过多追问工作进展，他在给下属更多自主空间的同时，可能对进度缺乏适当的监控而使工作偏离正常轨道。第三类是高尽责性、低进取性的领导，相较于目标方向，他更重视做事的过程是否按规矩办事、按计划实施，对于最终的结果不会太强求，他可能会带领下属很努力地做事，但不一定能把事情做对。第四类是低尽责性、低进取性的领导，他对工作目标和时间节点都没有要求，给下属完全的自主权，但如果下属的独立性、自主性不高，很可能导致一事无成。

假如你有一项工作需要委派给他人，可以先评估对方在外向性和进取性两个维度上的高低水平，给自己下一步的工作提供指引。你可以邀请外向性和进取性同样高的人参与到工作讨论中，让他发表个人意见，并由他带动其他人迅速开展工作；可以在确定目标和做好任务分工后，直接给外向性和进取性同样低的人分配其可以独自完成的任务，并清晰地说明任务要求；也可以让低外向性、高进取性的人来把握工作方向，让高外向性、低进取性的人处理好内外关系。这样做的目的是最大限度地发挥对方的性格优势，借力打力，让事情事半功倍。

第二节
四个维度的融合——你属于哪个性格画像

如果对人格的四个维度分别进行分析,你就会发现,每个人的性格千差万别,这不方便我们在实际工作中进行快速描述和应用。只有将各种类型的人格进行归纳总结,提炼出其共性的特征,才能便于大五人格模型的广泛应用。

经过大量样本的统计分析,研究者们发现,可以通过宜人性、尽责性、外向性、进取性四个维度的水平高低组合分为不同的性格画像,即画像相似的可归为一类。如前文所述,情绪性不同于其他四个维度,它并不独立影响人的性格特征,而是通过与其他四个维度相互交织,作用于人的整体性格,对性格画像起到丰富或磨平的作用。

大五人格模型共有17个标准性格画像[1],同一个性格画像中的相似性或不同性格画像间的差异性,是人们相互理解的基础,也便于人们在工作中使用。暂且忽略情绪性的影响,在宜

---

[1] 大五人格性格画像的归纳提炼参考了诺曼的研究成果。

人性、尽责性、外向性、进取性四个维度中，将7.5分视为高分、3.5分视为低分，中间值为5.5分。

通过将个人性格画像与17个标准性格画像进行比较，计算其相似性，然后将个人归类到最为契合的性格画像中。如果某人的性格画像与两个性格画像的相似性相当，则说明此人处于两个性格画像的临界状态，与两个性格画像同等吻合，这时可以综合两个性格画像的特点来识别此人的人格特质。也有可能出现极端的情况，个人的性格画像被归入某个性格画像，但又与此性格画像的典型特点有较大差异，这说明此人的个性不太典型，处于几个性格画像的中间地带而难以与某个性格画像相契合，对此个人可自察行为是否受到情绪性较大的影响，或者从个人与性格画像的差异处反思个人行为、增强自我认知。

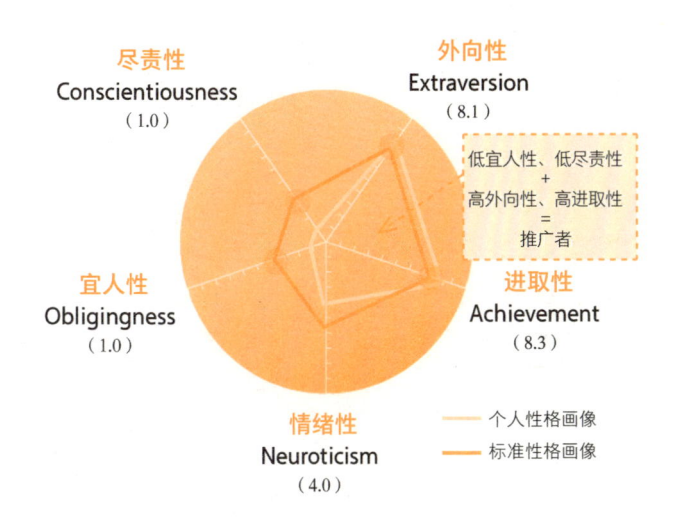

图2.2.1　性格画像相似性示例

让我们先简单了解一下17个性格画像的类型及特点，本书第三章还会对每个性格画像进行详细的说明和阐述。

表2.2.1　17个性格画像概览

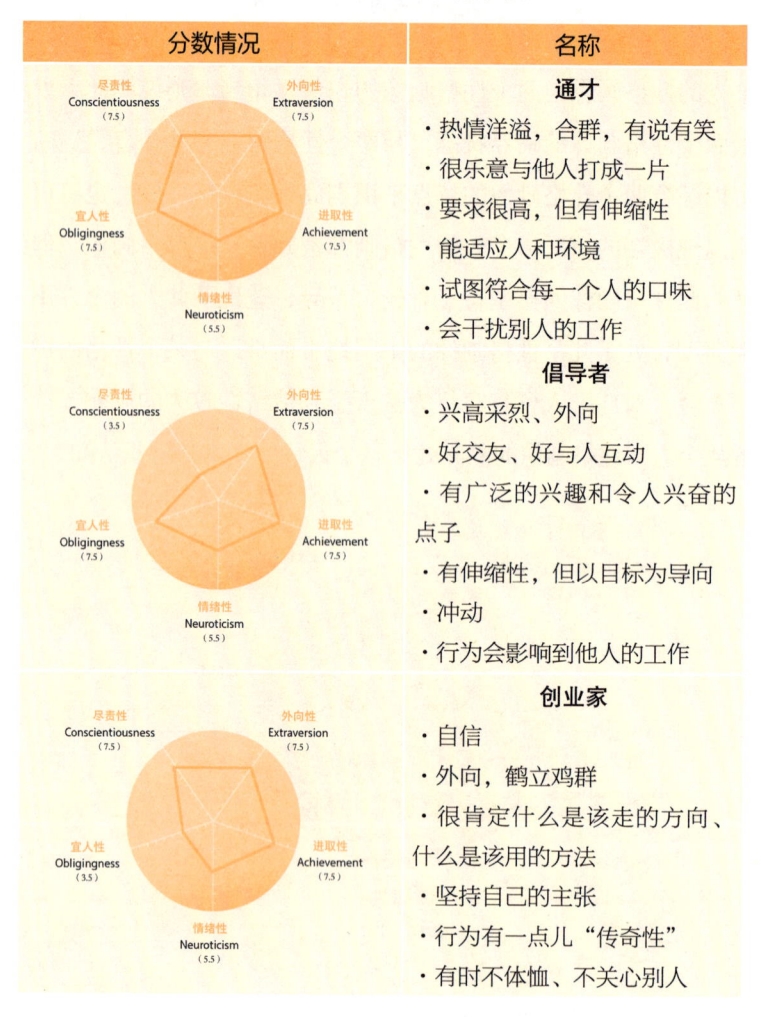

分数情况	名称
尽责性 Conscientiousness (7.5)；外向性 Extraversion (7.5)；宜人性 Obligingness (7.5)；进取性 Achievement (7.5)；情绪性 Neuroticism (5.5)	**通才** · 热情洋溢，合群，有说有笑 · 很乐意与他人打成一片 · 要求很高，但有伸缩性 · 能适应人和环境 · 试图符合每一个人的口味 · 会干扰别人的工作
尽责性 Conscientiousness (3.5)；外向性 Extraversion (7.5)；宜人性 Obligingness (7.5)；进取性 Achievement (7.5)；情绪性 Neuroticism (5.5)	**倡导者** · 兴高采烈、外向 · 好交友、好与人互动 · 有广泛的兴趣和令人兴奋的点子 · 有伸缩性，但以目标为导向 · 冲动 · 行为会影响到他人的工作
尽责性 Conscientiousness (7.5)；外向性 Extraversion (7.5)；宜人性 Obligingness (3.5)；进取性 Achievement (7.5)；情绪性 Neuroticism (5.5)	**创业家** · 自信 · 外向，鹤立鸡群 · 很肯定什么是该走的方向、什么是该用的方法 · 坚持自己的主张 · 行为有一点儿"传奇性" · 有时不体恤、不关心别人

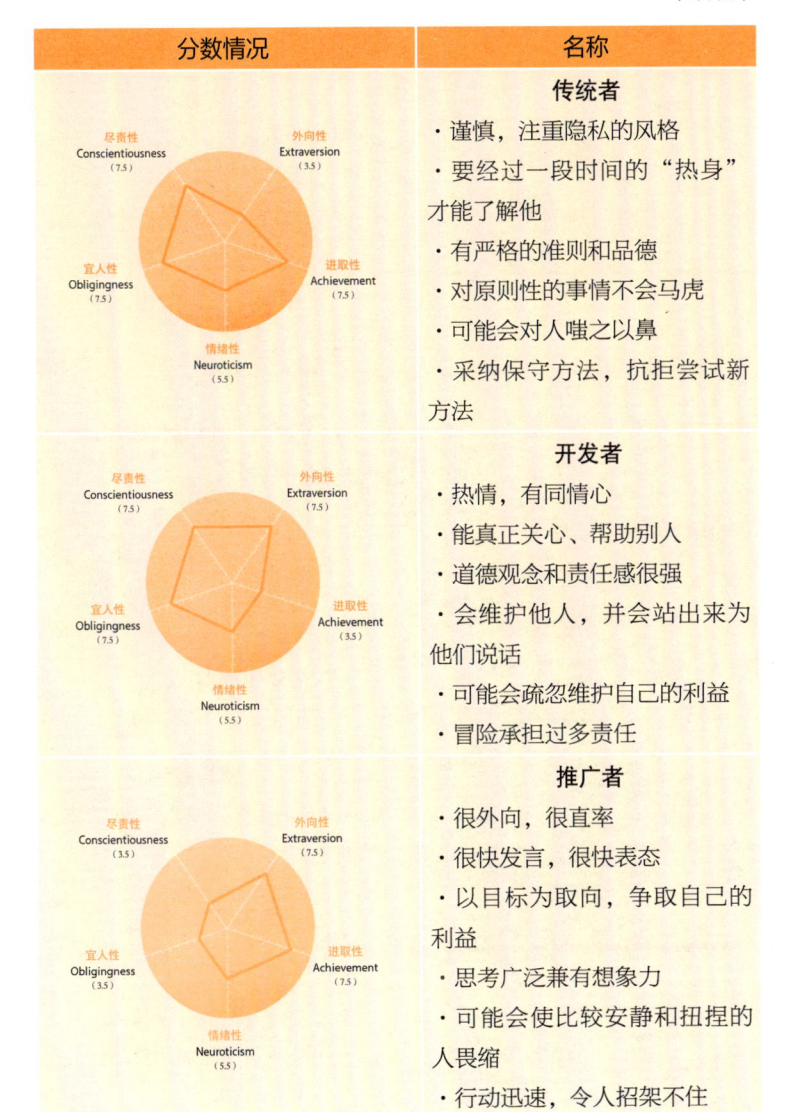

（续表）

分数情况	名称
尽责性 Conscientiousness (7.5)、外向性 Extraversion (3.5)、宜人性 Obligingness (7.5)、进取性 Achievement (7.5)、情绪性 Neuroticism (5.5)	**传统者** · 谨慎，注重隐私的风格 · 要经过一段时间的"热身"才能了解他 · 有严格的准则和品德 · 对原则性的事情不会马虎 · 可能会对人嗤之以鼻 · 采纳保守方法，抗拒尝试新方法
尽责性 Conscientiousness (7.5)、外向性 Extraversion (7.5)、宜人性 Obligingness (7.5)、进取性 Achievement (3.5)、情绪性 Neuroticism (5.5)	**开发者** · 热情，有同情心 · 能真正关心、帮助别人 · 道德观念和责任感很强 · 会维护他人，并会站出来为他们说话 · 可能会疏忽维护自己的利益 · 冒险承担过多责任
尽责性 Conscientiousness (3.5)、外向性 Extraversion (7.5)、宜人性 Obligingness (3.5)、进取性 Achievement (7.5)、情绪性 Neuroticism (5.5)	**推广者** · 很外向，很直率 · 很快发言，很快表态 · 以目标为取向，争取自己的利益 · 思考广泛兼有想象力 · 可能会使比较安静和扭捏的人畏缩 · 行动迅速，令人招架不住

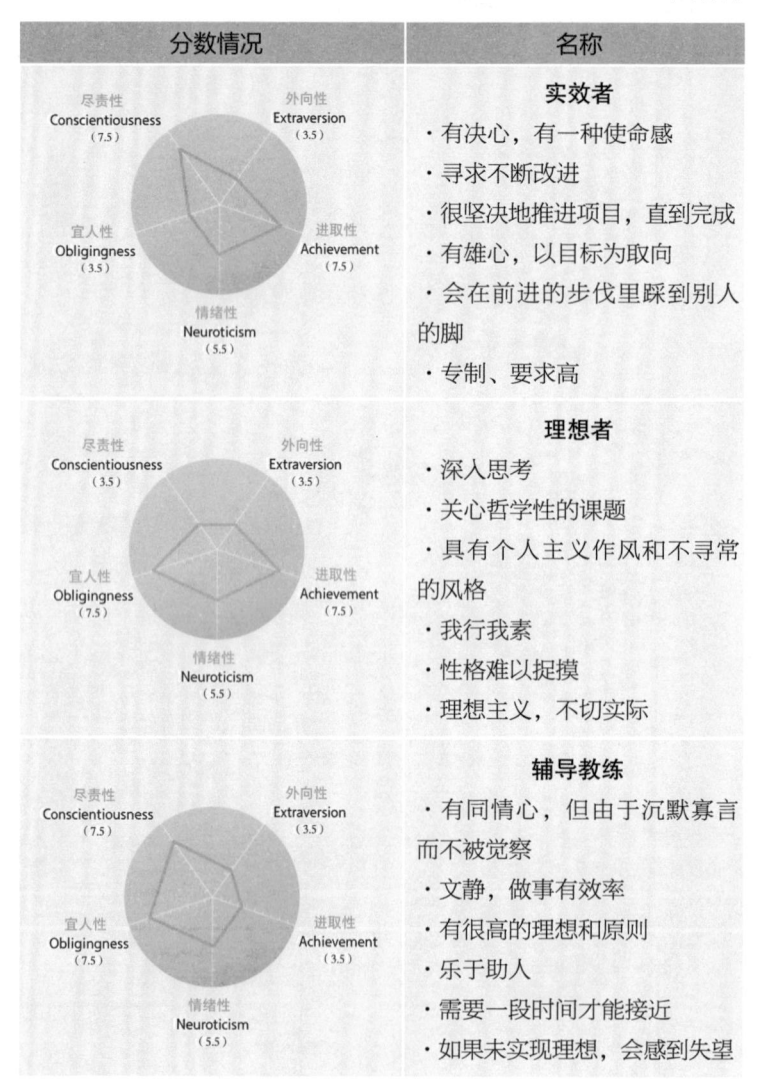

（续表）

分数情况	名称
尽责性 Conscientiousness (7.5) 外向性 Extraversion (3.5) 宜人性 Obligingness (3.5) 进取性 Achievement (7.5) 情绪性 Neuroticism (5.5)	**实效者** ·有决心，有一种使命感 ·寻求不断改进 ·很坚决地推进项目，直到完成 ·有雄心，以目标为取向 ·会在前进的步伐里踩到别人的脚 ·专制、要求高
尽责性 Conscientiousness (3.5) 外向性 Extraversion (3.5) 宜人性 Obligingness (7.5) 进取性 Achievement (7.5) 情绪性 Neuroticism (5.5)	**理想者** ·深入思考 ·关心哲学性的课题 ·具有个人主义作风和不寻常的风格 ·我行我素 ·性格难以捉摸 ·理想主义，不切实际
尽责性 Conscientiousness (7.5) 外向性 Extraversion (3.5) 宜人性 Obligingness (7.5) 进取性 Achievement (3.5) 情绪性 Neuroticism (5.5)	**辅导教练** ·有同情心，但由于沉默寡言而不被觉察 ·文静，做事有效率 ·有很高的理想和原则 ·乐于助人 ·需要一段时间才能接近 ·如果未实现理想，会感到失望

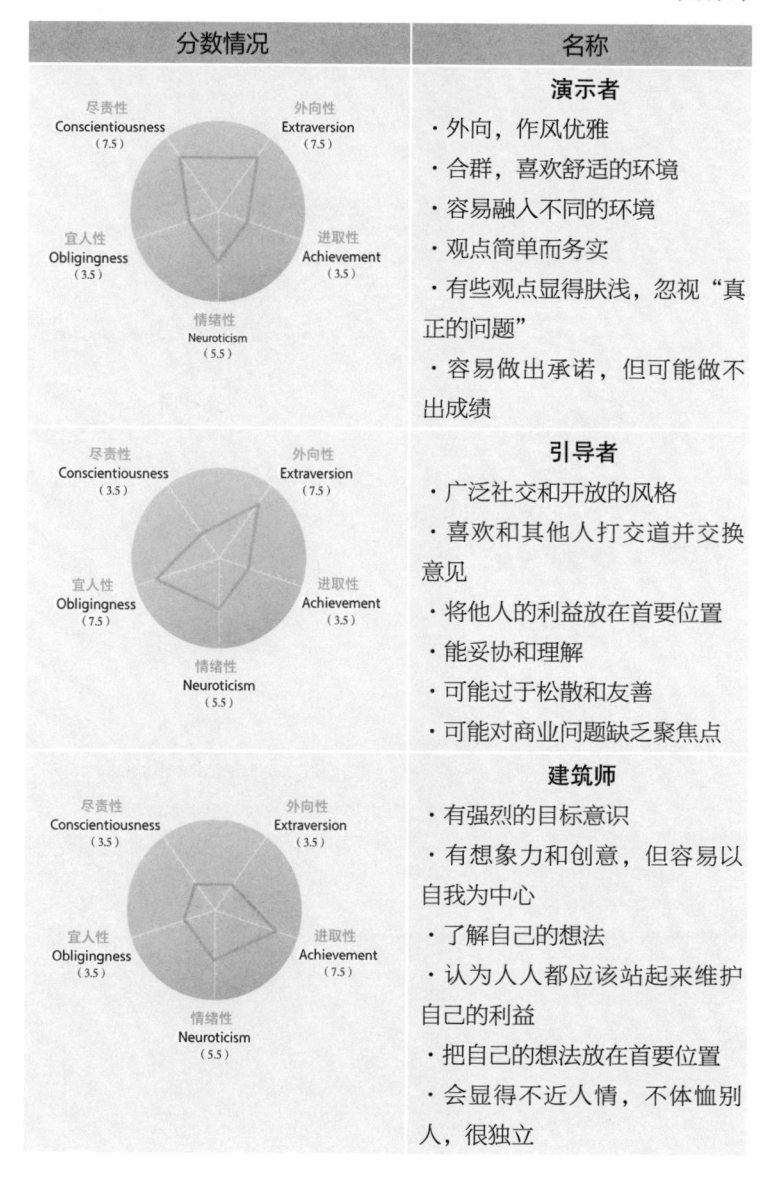

（续表）

分数情况	名称
尽责性 Conscientiousness (7.5) 外向性 Extraversion (7.5) 宜人性 Obligingness (3.5) 进取性 Achievement (3.5) 情绪性 Neuroticism (5.5)	**演示者** · 外向，作风优雅 · 合群，喜欢舒适的环境 · 容易融入不同的环境 · 观点简单而务实 · 有些观点显得肤浅，忽视"真正的问题" · 容易做出承诺，但可能做不出成绩
尽责性 Conscientiousness (3.5) 外向性 Extraversion (7.5) 宜人性 Obligingness (7.5) 进取性 Achievement (3.5) 情绪性 Neuroticism (5.5)	**引导者** · 广泛社交和开放的风格 · 喜欢和其他人打交道并交换意见 · 将他人的利益放在首要位置 · 能妥协和理解 · 可能过于松散和友善 · 可能对商业问题缺乏聚焦点
尽责性 Conscientiousness (3.5) 外向性 Extraversion (3.5) 宜人性 Obligingness (3.5) 进取性 Achievement (7.5) 情绪性 Neuroticism (5.5)	**建筑师** · 有强烈的目标意识 · 有想象力和创意，但容易以自我为中心 · 了解自己的想法 · 认为人人都应该站起来维护自己的利益 · 把自己的想法放在首要位置 · 会显得不近人情，不体恤别人，很独立

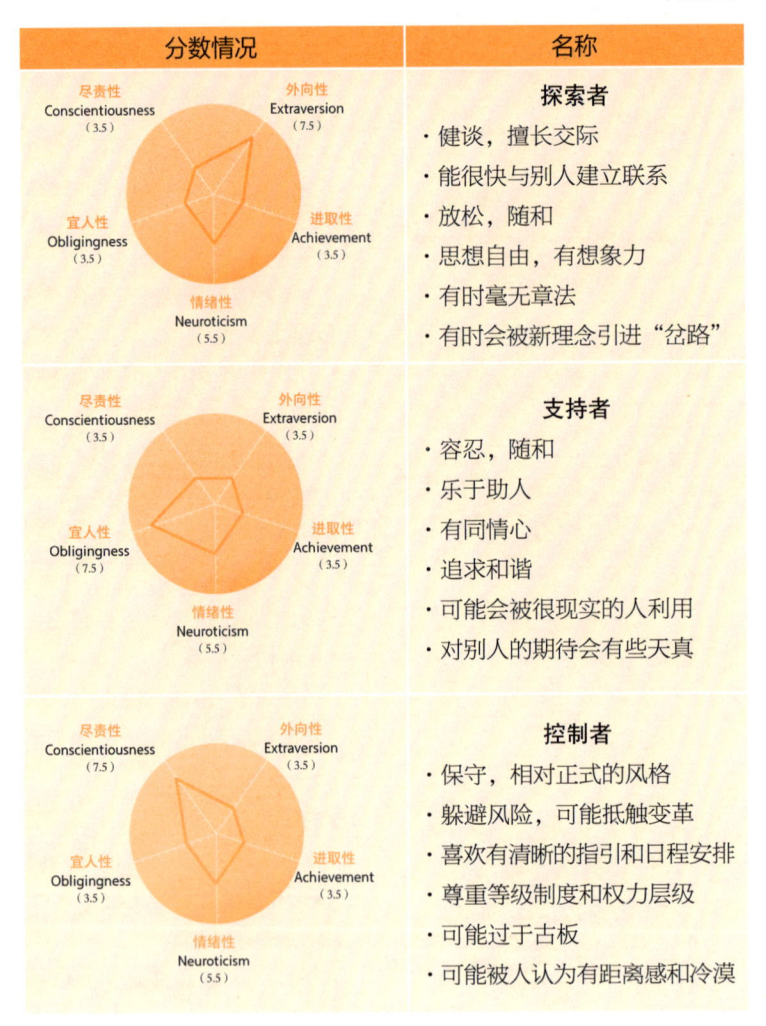

（续表）

分数情况	名称
尽责性 Conscientiousness (3.5) 外向性 Extraversion (7.5) 宜人性 Obligingness (3.5) 进取性 Achievement (3.5) 情绪性 Neuroticism (5.5)	**探索者** · 健谈，擅长交际 · 能很快与别人建立联系 · 放松，随和 · 思想自由，有想象力 · 有时毫无章法 · 有时会被新理念引进"岔路"
尽责性 Conscientiousness (3.5) 外向性 Extraversion (3.5) 宜人性 Obligingness (7.5) 进取性 Achievement (3.5) 情绪性 Neuroticism (5.5)	**支持者** · 容忍，随和 · 乐于助人 · 有同情心 · 追求和谐 · 可能会被很现实的人利用 · 对别人的期待会有些天真
尽责性 Conscientiousness (7.5) 外向性 Extraversion (3.5) 宜人性 Obligingness (3.5) 进取性 Achievement (3.5) 情绪性 Neuroticism (5.5)	**控制者** · 保守，相对正式的风格 · 躲避风险，可能抵触变革 · 喜欢有清晰的指引和日程安排 · 尊重等级制度和权力层级 · 可能过于古板 · 可能被人认为有距离感和冷漠

（续表）

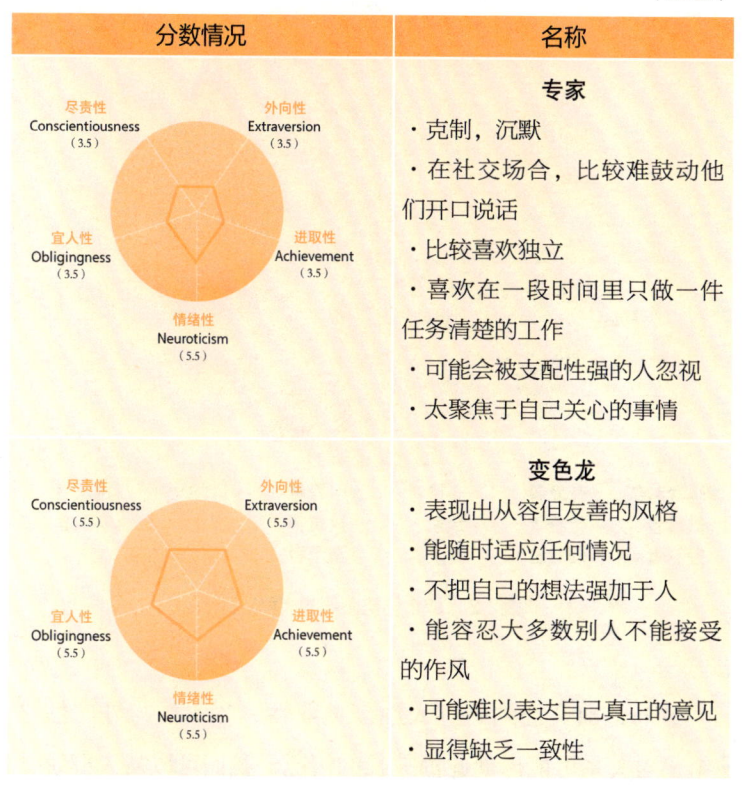

分数情况	名称
尽责性 Conscientiousness (3.5) 外向性 Extraversion (3.5) 宜人性 Obligingness (3.5) 进取性 Achievement (3.5) 情绪性 Neuroticism (5.5)	**专家** · 克制，沉默 · 在社交场合，比较难鼓动他们开口说话 · 比较喜欢独立 · 喜欢在一段时间里只做一件任务清楚的工作 · 可能会被支配性强的人忽视 · 太聚焦于自己关心的事情
尽责性 Conscientiousness (5.5) 外向性 Extraversion (5.5) 宜人性 Obligingness (5.5) 进取性 Achievement (5.5) 情绪性 Neuroticism (5.5)	**变色龙** · 表现出从容但友善的风格 · 能随时适应任何情况 · 不把自己的想法强加于人 · 能容忍大多数别人不能接受的作风 · 可能难以表达自己真正的意见 · 显得缺乏一致性

宜人性、尽责性、外向性和进取性这四个维度并不是完全独立的，因此每个性格画像在人群中的比例也不尽相同，这是自然现象。基于倍智测评数据库33333份样本的数据统计，从图2.2.2可以看出，辅导教练（14%）、开发者（10%）、支持者（9%）、引导者（8%）在17个性格画像的人群中占比较大，其他性格画像占比较小。

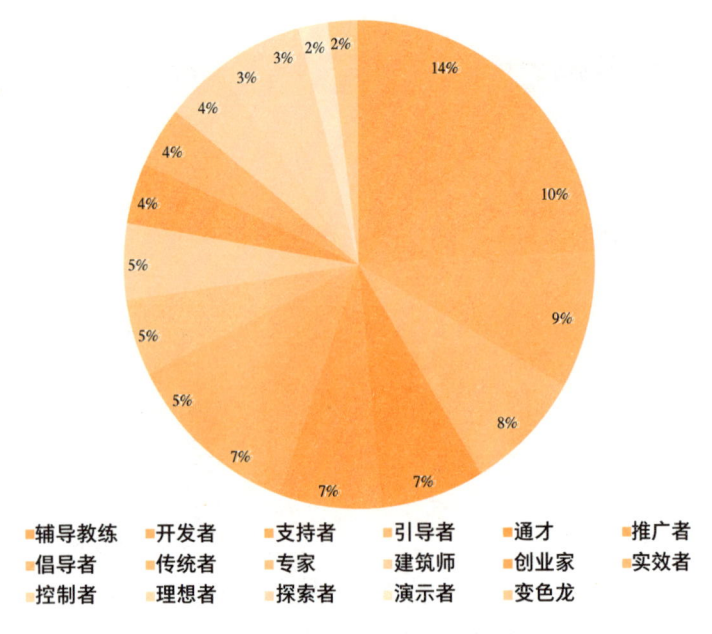

图2.2.2　17个性格画像的人群比例

另外，前文提到的宜人性与进取性、尽责性与外向性这两组相对关系可能出现此消彼长的情况，我们可以从人群统计中得到进一步验证。

理想者：高宜人性和高进取性（3%）

如果你是高宜人性的人，则更有可能是低进取性而非高进取性。你既是高宜人性又是高进取性的可能性是比较低的。从图2.2.2可知，支持者（高宜人性）的人群占比为9%，建筑师（高进取性）的人群占比为5%。但当高进取性和高宜人性同时出现时，理想者的人群占比只有3%。

演示者：高尽责性和高外向性（2%）

高外向性和高尽责性同时出现的可能性也比较低。当外向性高时，尽责性可能较低。从图2.2.2可知，控制者（高尽责性）的人群占比为4%，探索者（高外向性）的人群占比为3%。但当高尽责性和高外向性同时出现时，演示者的人群占比只有2%。

变色龙：所有维度都处于中等水平（不包含情绪性，2%）

最稀少的是变色龙。这是因为大五人格模型强行把人归入某一性格画像中，若有人在四个维度上都表现出中等水平，那么他将无法被归入某个维度中，因此，将其独立出来，成为变色龙的画像。

课后小练习

练习2-1

在综合了解各个维度之间的联动关系后，请根据左侧提供的文字表述，在右侧空白的性格画像上大致描绘出该文字表述在宜人性、尽责性、外向性和进取性这四个人格维度的高低倾向。

文字表述	性格画像
·很外向，很直率 ·很快发言，很快表态 ·以目标为取向，争取自己的利益 ·思考广泛兼有想象力 ·可能会使比较安静和扭捏的人畏缩 ·行动迅速，令人招架不住	(五维雷达图：尽责性 Conscientiousness、外向性 Extraversion、进取性 Achievement、情绪性 Neuroticism、宜人性 Obligingness)
·外向，作风优雅 ·合群，喜欢舒适的环境 ·容易融入不同的环境 ·观点简单而务实 ·有些观点显得肤浅，忽视"真正的问题" ·容易做出承诺，但可能做不出成绩 ·有同情心，但会由于沉默寡言而不被觉察	(五维雷达图：尽责性 Conscientiousness、外向性 Extraversion、进取性 Achievement、情绪性 Neuroticism、宜人性 Obligingness)
·文静，做事有效率 ·有很高的理想和原则 ·乐于助人 ·需要一段时间才能接近 ·如果未实现理想，会感到很失望	(五维雷达图：尽责性 Conscientiousness、外向性 Extraversion、进取性 Achievement、情绪性 Neuroticism、宜人性 Obligingness)
·谨慎，注重隐私的风格 ·要经过一段"热身"才能了解他 ·有严格的准则和品德 ·对原则性的事情不会马虎 ·可能会对人嗤之以鼻 ·采纳保守的方法，抗拒尝试新方法	(五维雷达图：尽责性 Conscientiousness、外向性 Extraversion、进取性 Achievement、情绪性 Neuroticism、宜人性 Obligingness)

第三章

性格画像大揭秘

世界上没有两片纹路完全相同的树叶，同理也没有两个性格特点完全相同的人。我们基于大数据分析归纳出17个性格画像，从性格特点详解、思维方式、沟通风格、工作中的他、工作环境偏好以及管理建议6个方面进行详述。前三个方面主要介绍他是什么性格特点的人，帮助大家识别出每种性格类型的共性，学会更好地理解自己和他人。后三个方面是基于工作场景了解他在职场中的表现，帮助大家更好地管理自我和他人。

第一节 全能的通才

通才小故事

阿才是D公司产品部负责人，其负责的××网站即将上线。

虽然××网站的上线任务非常紧张，让他感觉工作压力很大，但是他在工作中很少将自己的负面情绪表露出来，每天和大家有说有笑。在工作上，他对大家的要求非常高，要求每个人对自己做的模块负责，不仅要按时完成，还要确保每一个模块能够高质量地完成。不过，由于人手不足，为了确保××

网站能按时上线,阿才决定放宽质量要求,等上线以后再慢慢修复bug(漏洞)。

××网站上线前夕,老板要求做一些调整,在其中加入大数据分析功能。尽管阿才知道现在做这个调整很可能会导致大家的任务量过大,但他还是很快接下了任务。在重新布置任务时,大家怨声一片,为了确保大家愿意进行调整,他尽可能地按照每个人的专长和任务量进行安排,对一些可能会产生不满情绪的员工进行私下谈话。

阿才喜欢严密地监督每个人的工作绩效。当看到某名员工的进度有所拖延,他会马上暗示,并教那名员工如何更加有效地完成任务。几乎每一名员工在工作中都受到了他的提点。

眼看着××网站上线的日子一天天逼近,阿才每天都会查看大家的工作进度表,并与计划进行对比,一旦发现有完不成的迹象,他会马上制订出一个新的计划,并要求大家马上做出调整。

通才的内心独白

和大家一起工作时,我能找到工作的热情,所以我喜欢与大家一起工作,而且我发现有时和别人讨论想法更能激发思考。其实我对下属是比较关心的,不过有时不知道如何表达自己的关心。而且我感觉如果太关心他人会降低自己的权威,所以我只能在内心尽可能地帮他们多想一下。

有些人可能会说我比较苛刻,对任务的要求太高。其实有时候我的内心非常纠结,比如这次××网站上线,我想做一个不一样的网站，让大家打开一看就眼前一亮，所以我要求每个人都做好，力求完美。但是在实际过程中，我发现，过于追求完美有时反而会延误工作进度，权衡之下，我对细节的要求就不那么严格了。

性格特点详解

通才在宜人性、尽责性、外向性和进取性四个维度上均处于高分区间，他们的性格的主要特点是：

- 对事物有很高的要求，但能够接受达不到标准的情况。
- 关注目标完成，但会试图符合每一个人的口味。
- 喜欢与人打成一片，但会干扰别人的工作。

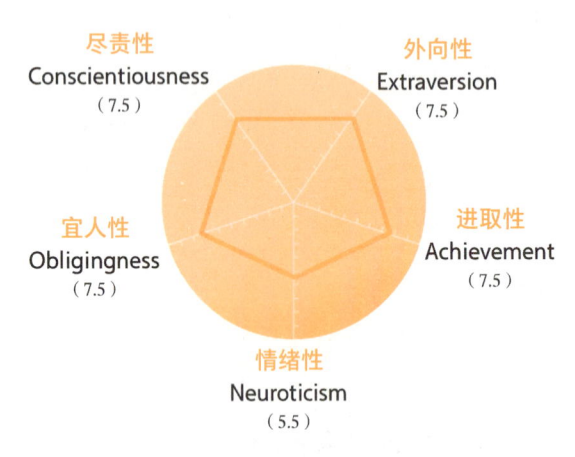

尽责性 Conscientiousness（7.5）
外向性 Extraversion（7.5）
进取性 Achievement（7.5）
宜人性 Obligingness（7.5）
情绪性 Neuroticism（5.5）

图3.1.1 通才的得分情况

通才一般涉猎较广，是大家眼中的全才，他们喜欢接触不同的新鲜事物，让人感觉精力充沛，做事风风火火，能很快地适应不同的环境。他们非常善于与人打交道，总能为团队带来新的想法，很容易成为团队的焦点。

通才家族的成员内心常常会非常纠结，有时很难在对事和对人上取得良好的平衡。他们既想达成自己的高要求，又会考虑他人的内心感受。他们非常关注目标任务是否能按期完成，加上喜欢和他人一起工作，会不自觉地干扰别人的正常工作。因此，通才的身上总能表现出一些非常矛盾的特质。

思维方式

在分析和决策方面，通才是精明的决策者。他们会从所有可用资源上搜集信息，并站在战略的角度思考问题，喜欢探索问题的本质，不会仅仅局限于表面答案。他们习惯从整体上看待任何一个问题，寻求能够从本质上解决问题的综合方案。但是，他们有时会过于追求问题解决方案的大而全，而忽视一些细节或对细节缺少关注。

沟通风格

通才是优秀的"外交家"，对于他们来说，与人沟通是一种享受，他们可以轻松自如地与不同的人打交道。在交谈中，他们总是妙语连珠、幽默感十足，同时，他们都非常有想法，能够启发其他人思考，使谈话不断深入。

通才有比较好的大局观，他们善于向他人描述愿景，并通过各种事例和数据加以佐证，说服其他人相信自己描述的未来。但是，通才一般很少认真、主动聆听其他人的想法，他们更多地沉浸在自己的世界里，总想着如何说服他人接受自己的想法，喜欢快速下定论，有时容易把事情引向极端。

工作中的他

作为团队的领导，通才需要先被说服才能成为愿景的代言人，一旦愿景被认可，就能够给下属描述出一幅非常吸引人的未来图景，并通过自己的感染力让每个人接受。在制定下属的工作目标时，通才会让每个员工都参与进来，广泛征询各方的意见，以确保设定的目标能得到大家的认可。在日常管理中，通才会近距离地参与到下属的工作中并监控任务进程，给下属提供及时、积极的绩效反馈，并推动下属达成他们想争取的目标。但是，通才往往不太容易听进他人的意见，会表现得比较强势，喜欢支配他人，而且很少会主动停下来思考和回顾过往，容易把团队带进误区。

作为团队的成员，通才喜欢与其他人一起工作，并用自己的魅力促进内部形成良好的合作氛围。通才对新项目很感兴趣，喜欢参与到各种项目中，他们会积极分享自己的观点，尝试在每个领域都有良好的表现。一旦某个方案被通过，他们会深信不疑地实施计划。当出现问题的时候，通才会主动对自己做出的每个决定负责。通才展现出的冲劲很容易感染他人，但是他们的关注面太广，导致他们容易卷入太多的工作。另外，通才有时在团队中表现得过于强势，总用自己的高标准来要求他人，喜欢干预他人的工作，因此容易打扰到他人，分散团队的注意力。

工作环境偏好

对于通才来说，他们更加偏爱那些组织层级不多、管理相对宽松的工作环境，这样的组织环境不会过于扁平化，但也不会显得等级森严。通才对成功有着巨大的渴望，他们努力地展现自己以寻求被赏识，一旦他们处于领导者的角色或被赋予较高的社会地位，他们的工作热情就会大大提升。如果组织长期让通才从事专业化的技术工作，他们很快就会对自己的工作感到厌烦，表现得没精打采。

通才喜欢与团队一起工作，他们享受与其他同事一起奋斗、共同攻克难题的过程。对于他们来说，没有什么比一个人独自做事更让人难以忍受。通才通常拥有非常强的责任感和使命感，他们难以接受任务中途终止的情况或每天从事千篇一律的工作。

管理建议

作为通才的领导，你要认识到通才最大的特点是"要有参与、要有成就、要能指挥"。因此，你可以从以下几个方面对其进行管理和激励。

你要能够描述出一个非常有吸引力的愿景来激发他们的工作兴趣，并让他们相信自己能够为这个愿景的实现做出巨大的贡献。如果有可能，你也可以推动他们成为这个愿景的拥护者和代言人，并请他们帮助你去说服别人。

在制定工作目标时，你要表达出对他们能力的肯定，并和他们一起商讨确定最终的目标。他们有时可能会高估自己的能力，导致设定的目标挑战性太大，或承担了太多的任务，这时你要帮助他们认清现状，避免他们做出过度承诺。你也需要帮助他们提升领导能力，让他们学会更好地分派任务和有效授权。

在他们完成目标的过程中，你需要避免自己对他们过度控制，给他们一些自主活动的空间。你需要注意他们有没有因为受挫折、工作负荷太重、失去或者改变兴趣而发出不满的讯号，如果发现了这样的讯号，你需要深入分析原因并及时提供协助和指导，帮助他们渡过难关。

通才对事件总有自己的想法，并渴望获得他人的认可。如果有机会，你可以创造一个轻松的交流环境，认真聆听他们的意见。他们有时可能会表现得不拘礼节，且不容易听进他人的反面意见，你可以找一个合适的机会，帮助他们认识自己这方面的不足和潜在的危害。

你可以在公开场合多表扬和肯定他们的成就，这会让他们感受到自己被认可。你要避免让他们觉得你在直接批评他们。你应该针对具体的事例与通才进行探讨，通过分析，帮助通才明确他们在哪些事情上做得好，哪些事情上做得还不够好。

第二节 适应力强的变色龙

变色龙小故事

部门召开关于新产品包装的会议，大家对于如何包装新产品展开激烈的讨论。小龙认真地倾听了大家的想法，对于有确凿数据支撑的观点，他会非常支持；对于不够清楚的问题，他却不会主动发表意见。如果一定要求他发言，他会说"××说得有道理，××说得也没有错"。一旦他觉得其他人说得更正确，他也会调整自己的立场，逐渐向他们觉得"更有道理"或更有话语权的一方倾斜，最后会站在"对的"那一方，并且在执行的过程中积极地配合大家。

变色龙的内心独白

我认为，在讨论中认真倾听大家的意见、不打断任何人的发言是必要的礼貌。我只相信有足够证据支撑的观点，也许我们不能找到最优的办法，变化会一直存在，所以我们只能灵活调整自己以适应环境。反正只要支持那个最合适的方案就肯定不会出错。

性格特点详解

变色龙在宜人性、尽责性、外向性和进取性四个维度上均处于中等区间，他们的性格的主要特点是：

- 中庸行事，中规中矩，不求有功但求无过。
- 从容友善，不苛求别人，也不为难自己。
- 有极强的适应性，在任何环境下都能调整自己，快速变通。

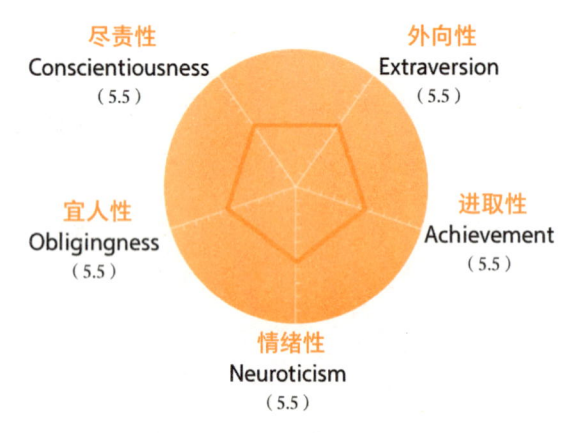

图3.2.1　变色龙的得分情况

变色龙顾名思义就是在各种环境下都有较强适应能力的人。他们在每个维度上都不会展现出典型的高分特点或低分特点，会根据对方的性格特点去改变自己，因此他们能适应任何情况。

他们深谙"己所不欲，勿施于人"的道理，不会将自己的想法强加于人，对于他人的不同观点和作风，他们始终保持包容的态度。但正是因为他们的兼收并蓄，可能会使得他们很难表达出自己真正的想法，在外人看来，他们过于多变，行为和意见缺乏一致性，让人感觉过于圆滑。

思维方式

变色龙在分析和决策方面比较倾向于"集体决策"。在做决策时，他们比较谨慎，不会立刻阐明自己的观点，他们更乐于倾听各方意见，希望大家提供更多的意见，这正是他们思考和分析的依据。在实施决策时，他们坚信"众人拾柴火焰高"，大家共同合作可以执行得更好。但他们太过中规中矩的行为通常被认为是没有想象力的表现，并且在实施决策的过程中，他们总期望得到周围人的支持和鼓励。

沟通风格

变色龙在沟通方面最大的特点是灵活，他们会用心揣摩接收到的信息，小心谨慎地做足准备工作，再采用灵活的方式传达他们想要传达的信息。在交流的过程中，他们总有办法让对方顺利地表达自己的观点，完全不用担心他们接不上话。无论发生什么，他们总能跟上大家的步伐，适应动态的环境变化。

他们在发言过程中喜欢参考大家的意见，很难在他们的发言中找到不一样的意见。一旦形势发生变化，他们又很容易做出改变，喜欢跟着形势走。

工作中的他

作为团队的领导,变色龙只有坚信企业描绘的愿景,才会热情地投入其中。他们喜欢讨论,以便更好地听取各方的意见,但讨论的内容仅限于团队范围内的部分,对团队范围外的部分则不会特别投入。他们会以公平为原则,如果出现与组织期待不一致的情况,他们会很快调整自己的立场,站到组织那一边。对待下属,他们会努力确保下属遵照程序办事,并且能够根据程序明晰分内事。他们在乎下属的绩效表现,但按照"己所不欲,勿施于人"的个性,又不会过分地逼迫下属。他们会遵循已有的发展规划来培养下属,但也不要指望他们会主动提出新的培养方案。

作为团队的成员,变色龙显得非常灵活,他们能支持各方不同的观点,对他人的想法始终保持礼貌和乐意倾听的态度;他们不希望被孤立,不愿意表现得与众不同,也不愿意牵扯上有争议的问题,会尽量避免打破现状。变色龙容易受他人影响,任何事情都可能成为驱使他们采取行动的因素,在复杂多变、需要灵活机动的环境下,他们能够适应得更快、表现得更好。

工作环境偏好

充满弹性的变色龙在复杂的境况下通常能够被激发出热情,因为他们可以充分展示自我调整和快速应对的优势。可以安排他们进入一个需要多种才能的环境，比如在公司的变革中让他们完成某项机动性的工作，有相应的团队给予他们支持，并且做出成绩后可以得到充分的赞誉和回报，这些回报不一定特别大，但要显得是专门为他们设立的，提升他们的满足感。

如果要求变色龙在一个孤立的环境下做事，或让其担任技术专家的角色，则很容易让他们陷入消沉的状态，因为他们无法发挥出灵活应变的优势。变色龙希望接收到上级明确的指令，如果给他们设定的角色不明确，任务也没有清晰的界定，他们就会变得很沮丧。

变色龙最担心所在的组织缺乏结构，如果为了达成任务只能采取极端的行为而无法通过灵活的方式解决，他们的积极性就会受到打击。如果所在的组织要求他们具备特殊的创造力，也会让他们感到非常被动。

管理建议

作为变色龙的领导，你需要肯定他们以下两个优点：一是愿意适应环境；二是愿意为了公司利益做出任何努力。

他们愿意相信愿景，因此愿景是什么对他们很重要，你和他们描述愿景时要尽可能详细。同样，当你需要他们完成一项任务时，你应该提供尽量翔实的背景资料，当你改变自己的计划需要得到他们的支持时，最好向其解释你改变的原因。他们不会过快发表自己的观点，但是会很耐心地倾听你传达的目标，不要指望他们会立刻给出反馈或展现出极大的热情。

当你向变色龙提出目标时，应该尽量具体，而且要解释这些目标如何与公司的整体目标挂钩，让他们做到胸中有数。如果你需要他们完成一项任务，应尽量避免因为前期沟通不足而让他们感觉事情突如其来。你需要注意，不要让变色龙处于模棱两可或相互冲突的境况。

你需要营造一个相对轻松的工作环境，在这样的环境下，每个人都会努力做出好成绩，这里自然也包括变色龙。你应该尽量制造机会让变色龙参与团队工作，并且让他们挑起一部分重担，让他们感受到你对他们的重视。但这个重担不应该过重，至少不能逼迫他们为了完成任务必须采取强硬措施或充当先锋。

变色龙虽然表现得从容、友善、容易相处，但应考虑到他们善变的特点，因为他们并不是那么容易被别人了解。你应该给予他们更多发表自己观点的机会，鼓励他们参与到自己关注的议题讨论中。当他们向你寻求帮助时，你应该采取支持和辅导的方式。

你需要定期给予变色龙反馈，以表示你对他们工作的关注。在反馈时，你需要肯定他们的灵活性和适应性，表扬他们做出的努力和成绩。当你必须指出他们的不足时，最好采用委婉的措辞，因为他们通常不喜欢处理冲突，也不喜欢为自己争辩，同时你还需要提出有建设性的意见，帮助他们避免再次犯错。

变色龙能很快地融入团队中，但他们的能力也很容易被忽视。通常情况下，他们较为谦逊，不会轻易地提起自己的工作表现以及对未来的愿望。作为上级的你应当对其保持适当关注，鼓励他们找到自己感兴趣的职业方向，同时为了实现他们的职业目标，尽量制造机会让其认识到自己的不足之处，然后下功夫进行改进。

第三节 低调内敛的专家

专家小故事

在刚刚结束的招标会议上，各家供应商分别展示了自己的产品。采购部门和使用部门在选择哪家供应商这个问题上发生了激烈的争论。事实上，每一家供应商都各有特色，而且各项指标的得分非常接近。阿嘉是技术部员工，他坐在角落里安静地听大家辩论，很少插嘴。大家讨论得口干舌燥时，采购部门的领导看不下去，对着阿嘉说："您倒是说两句啊，各家供应商的技术水平如何？"阿嘉缓缓地站起来，拿出他做的记录，细致阐述了各家供应商在技术上的优势、劣势，说完就坐下了。

"那你觉得到底应该选哪家？"有人又站出来问阿嘉。阿嘉想了想，说："各家供应商在技术方面的优势、劣势，我刚刚已经说清楚了，各有千秋。"直到会议结束，阿嘉都没有再提供其他意见，只是静静地坐在那里思索，偶尔在笔记本上奋笔疾书。

专家的内心独白

今天这个招标会议，各家供应商的产品或多或少都有些新亮点，这一趟没有白来啊。但似乎没有哪一家供应商的产品技术可以达到理想中的标准，主要是我对产品的稳定性存在很大的疑惑，可能需要获取更多的检测数据。至于到底选哪家供应商，其实不是我能够决定的，价格因素和其他因素也不是我关注的重点。反正对我而言，不管选哪家供应商，在之后的合作中，需要优化的点我都想得差不多了，而且在他们争论的时候我都记了下来。

性格特点详解

专家在宜人性、尽责性、外向性和进取性四个维度上均处于低分区间，他们的性格的主要特点是：

- 沉浸在自己的世界里，默默耕耘，不问世事。
- 信奉井水不犯河水，内心追求独立自主。
- 不轻易感知外部变化，很难进行自我调整。

说到专家，估计大部分读者的脑海里首先出现的是两鬓斑白的长者形象。但这里说的专家并不是指某个领域内学识渊博、掌握权威的专业人士，而是指喜欢独立自主、不爱交际、只聚焦于自己所关心的事物的一类人。

专家的性格特点是相对克制、沉默寡言，在社交场合很少会见到他们主动发言，也很难鼓励他们发表自己的看法，有时可能会被支配性强的人忽视。他们对自己关心的事情会非常

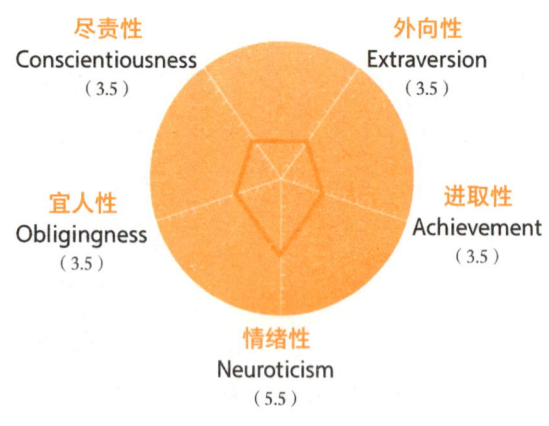

```
         尽责性                      外向性
     Conscientiousness            Extraversion
          （3.5）                    （3.5）



     宜人性                           进取性
   Obligingness                   Achievement
     （3.5）                         （3.5）


              情绪性
            Neuroticism
             （5.5）
```

图3.3.1　专家的得分情况

专注，在一段时间内只做一件任务清晰的工作，因此他们的关注面非常窄，表现出"两耳不闻窗外事，一心只读圣贤书"的特点。他们不喜欢把时间花在人际交往上，也不希望自己的工作受到别人的干扰。对于他们而言，独自一人是恢复精力的最好方式。

思维方式

专家在分析和决策方面是相当审慎的，他们会经过仔细研究，在对比各种可替代方案之后才做出决定，绝不会不经思考、过快地下结论。而且他们愿意研究问题的本质，会更加努力地寻找治本的方案。但由此带来的问题是他们需要考虑的因素太多，分析和决策的速度太慢，容易错失良机。在他们没有想清楚之前，是绝对不会说出自己的想法的，即使说出来，也仅仅是"告知"而不愿意主动对外"推广"。

沟通风格

专家最喜欢一对一的沟通方式，在每次沟通之前都要明确谈话的目的，他们对漫无目的的沟通没有兴趣。在公开场合进行辩论和演讲会让他们很不适应，倘若让他们在研究工作和公开辩论之间做出选择，他们宁愿在后方做研究工作并提供成果支持。

通常专家提出的理念和观点都是深入研究之后形成的。如果他们对自己的想法不够肯定，是绝对不会说出来的。

因为专家的精力有限，所以他们只会将精力投入自己擅长的领域中，别人感兴趣的东西，他们往往无动于衷。这就可以理解他们为什么不太愿意对自己工作范围之外的事情发表意见或做贡献了。

工作中的他

作为团队的领导，专家愿意展现自己在专业领域内的知识和见解，只有当别人质疑自己的专业领域时，才会一改克制、沉默的常态出来应战。他们不会对团队成员有太高的要求，只在有必要的情况下才会介入团队成员的事情。如果需要，他们也会给下属做绩效反馈，但他们的反馈更像是例行公事：冷淡、没有太多感情色彩。如果下属一心想要他们为自己设计职业生涯，那估计很难。因为在专家看来，职业生涯设计应该由自己完成，每个人都应该自己去设定目标和计划。

作为团队的成员，专家显得特别恪守本分，喜欢务实的工作。一方面，他们能够为其他人提供有效的背景资料和信息输入，另一方面，他们会尊重团队成员，不会去左右别人的意见。他们会专注于自己的项目，不会分散团队的注意力，更不会去打扰别人。因此，不要指望他们在团队中会很活跃，甚至有可能在内部发生争议时，他们会迅速地退入自己的安全区域，以保全自己的阵地。专家最令人羡慕的一点是，他们能够专注于自己的专业领域，几乎不会受到别人的干涉和影响。

工作环境偏好

想让专家释放自己的工作热情，就应当营造出一个相对灵活的工作环境，并且让他们成为自己的主宰，这意味着他们拥有发展自己理念的自由，有机会展示自己的才华，这会让他们的工作效率更高。让他们有机会研究他们感兴趣的复杂的技术性的问题和议题，当他们做出成绩时，要给予他们实质性的回报，因为他们比较在乎自己的付出和收益的平衡。

相应地，你要避免让专家处于一个被管理层严密控制的组织中。也许他们在某一领域有专长，但不要勉强他们成为团队中的领导，或要求他们在团队中紧密地配合其他成员，他们认为这会干扰他们的工作状态。同样地，如果要求他们去监督别人，或介入人事问题和人才发展项目，他们也会很头疼，因为他们根本不关心别人的事。不仅如此，如果你催着他们尽快出成绩，期望他们即兴思考、给出结论并在众人面前"推销"自己的观点和结论，就会使他们感到局促不安，从而对你产生极大的反感。

管理建议

在考虑如何有效地激励专家时，需要谨记他们"沉默内敛"却又"向往自由和独立"的特点，要给予其足够的空间。

在塑造愿景时，你需要向他们提出清晰的、经过缜密思考的愿景，并且在传达的过程中，提供足够多的研究数据和历史案例来支持你提出的愿景。如果恰好专家对与愿景相关的知识很熟悉，你可以向他们请教；如果专家对该愿景不熟悉，你也可以向他们介绍该愿景对他们专业领域的好处。如果你提出的愿景与他们的专业领域没有直接关系，他们是不会投入任何兴趣和热情的。

为专家树立工作目标其实是一件具有挑战性的事，你要理解专家对于智力挑战和技术挑战的重视程度，这远比工作地位更能吸引他们，让他们可以自由地钻研某项专业知识，而不是苛求他们掌握广泛的技能。如果你设立的目标与他们的工作和角色没有明显关系，或者没有和他们仔细讨论这个目标的最终要求和时间节点，他们将会抗拒。对于与人事相关的问题，你需要花费更多的精力向他们解释和磋商，因为本质上，他们不太愿意关心别人的事情。

你要尽量营造一种宽容的氛围，在这种氛围中，他们是不需要应付繁文缛节的，我行我素的作风是可以包容的，只要个体做出最大努力就可以得到肯定。将专家纳入你的团队中要有足够的耐心，因为他们需要一段时间才能逐渐适应，在这个过程中，你应当尊重他们的隐私权和独立性，如果你想尝试着把他们带出自己的小世界，千万不要操之过急。

你们的最佳相处模式应该是基于专业层面的，并且最好是能一对一地交谈，这样他们更容易将自己的想法表达出来。也许在交谈的过程中，他们无法做到非常活跃和滔滔不绝，但这并不是因为他们缺乏自信，只是他们没有想清楚的观点不会轻易吐露罢了。你需要注意的是，专家能够提供的想法只局限在某个特定的、能清楚定义的领域内，不要指望他们对什么都能研究出成果。

在监督绩效上，你同样需要费一番脑筋。本质上，他们会对感兴趣的项目表现出热情，并做出承诺。你在跟进他们的情况时，需要表现出对他们在做的事情非常感兴趣，并让他们有足够的时间解释工作状况，但千万别跟得太紧，这样会让他们懊恼又消沉，因为他们需要独立和自主。如果他们在工作上遇到了问题，你要给予足够的支持和协助，而且通常他们遇到的不是技术问题，而是公司治理环境里的各种关卡，所以你更多的是要利用自己的职权和影响力去帮助他们。

给专家提供绩效反馈时要注意策略。专家喜欢私底下的赞许，在一对一的交谈中，你可以对他们的专业知识及其带来的成效表示充分肯定，这会让他们相信你的赞扬发自内心。当然，你也得告诉专家他们的不足，他们的许多弱点都来自其独立却不妥协的性格，一方面，他们不会主动挑衅别人或与别人起冲突，另一方面，如果别人质疑他们的专业领域，他们也会毫不犹豫地反击，但他们反击的效果不一定好。如果专家的确需要批评，你必须有理有据，基于事实指出错误之处，注意观察他们的反应，耐心倾听他们的解释，否则不要指望你的批评能直击他们的内心深处。

在职业生涯设计方面，你先听听他们自己的意见，了解他们对自己职业生涯的想法，尊重他们不愿意扮演自己专业领域外角色的想法，不要勉强他们必须改变自己的专业领域。专家低调、独立的个性导致他们不会主动研究公司内部政治环境。因此，你需要帮助他们做这方面的考虑，尽量使他们的职业生涯少走弯路，而且你必须持续鼓励他们克服自己的弱点，尽管他们并不会在自己不擅长的地方花费心思。

第四节 浪漫主义的理想者

理想者小故事

公司每年都会举办一次讲师大赛，每个部门都有参与的名额。小李是新加入客服部门的服务顾问，她在工作中非常认真，定期将服务标准、客户典型案例进行梳理，并形成一本《客户服务红宝书》。对于这次讲师大赛，小李做了充分的准备，希望将自己的经验分享给大家。但部门领导很遗憾地告诉她，每个部门只有一个讲师大赛的名额，需要先在部门内部竞争。小李考虑到自己不像其他同事那样擅长演讲，并且他们也为此准备了很久。于是，小李决定把名额让给其他同事，自己明年再参与。

理想者的内心独白

其实我很珍惜这个机会，希望公司其他部门都知道我们客服部门是如何帮助客户解决问题的。我也希望借此机会把以前梳理的经验进行标准化，并将其有效地进行推广。但是每个部门只有一个名额，如果作为新人的我争取到这个名额，那么其他同事又要再等一年，他们准备得很用心，而且演讲能力比我好。到底应该怎么办？算了，只要能将我们的服务标准进行推广，谁参加都一样，今年我就先不参加了吧。

性格特点详解

理想者在宜人性和进取性这两个维度上处于高分区间，在外向性和尽责性上处于低分区间，他们的性格的主要特点是：

- 我行我素，在自己的世界里天马行空。
- 外冷内热，看起来冷漠，实则内心很关心别人。
- 惜字如金，观点却掷地有声。

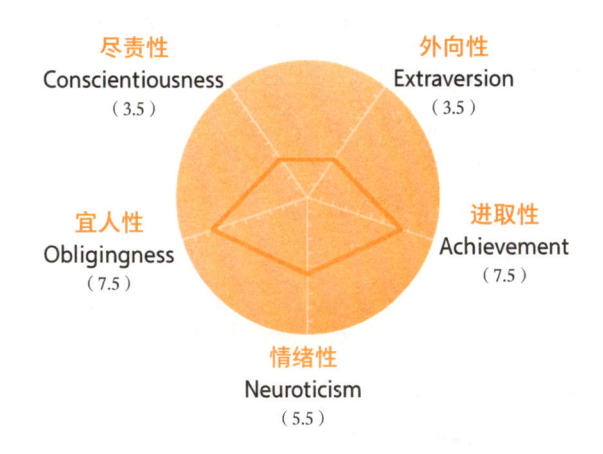

尽责性 Conscientiousness（3.5）
外向性 Extraversion（3.5）
宜人性 Obligingness（7.5）
进取性 Achievement（7.5）
情绪性 Neuroticism（5.5）

图3.4.1 理想者的得分情况

理想者人如其名，总透着那么一点儿理想主义，他们喜欢我行我素，对自己坚信的事物总是抱着一腔热忱。但在别人看来，有时他们的想法就像天上的云朵变幻不定、就像沙漠里的海市蜃楼不切实际。

理想者涉猎不广，但在专注的领域里会潜心研究，他们通常会关心哲学、社会类课题，对于他们而言，那种需要深入思考、慢慢琢磨的问题更有吸引力。有时你很难走进他们的内心，因为你根本不知道他们在想什么，很难找到合适的话题。

理想者有着坚定的个人信念，这种个人信念来源于他们对工作、生活的思考，但他们的信念只能慢慢地传播开来。一方面，是因为他们的信念过于理想，会让人感觉云里雾里；另一方面，是因为他们不善交际，但他们会和兴趣相投者深入讨论核心价值观。

理想者向往拥有自由的空间，如果得到打破常规、冲出藩篱的机会，他们会非常愿意尝试，并竭尽全力。同样，如果有机会开发不一样的方案，这些方案能够产生意想不到的效果，理想者也愿意为之努力。

思维方式

理想者擅长分析和思考，他们有着精辟、独到、极具前瞻性的思维，这让他们在讨论时总能提出关键性意见。他们擅长分析的优点让他们很享受处理复杂问题的过程，但有时也会把问题弄得过于复杂。虽然他们的个人信念很坚定，但还是能够容忍事实上的灰色地带，接受模棱两可的情况。

理想者向来抓大放小，只关注大的方向，避免介入细节。他们反对方案"治标不治本"，为了寻找从根本上解决问题的方法和技术，他们会扛起重担。

沟通风格

理想者喜欢深入探索问题，并提出独到的见解，总能有力地捍卫自己的信念。与此相对应的是，他们很少愿意向人咨询，宁愿自己一个人思考。他们对自己工作领域以外的事情并没有太大的兴趣，不会主动参与他人的讨论。理想者一般都非常有想象力，而且想法多变，与他们沟通一定要专注，否则稍不留神就会跟不上他们的节奏。

工作中的他

作为团队的领导，理想者更着眼于大局，而不是细节，他们愿意给予成员自由，相信每个人都会自觉努力且能够自我管束，不需要自己步步跟进或事必躬亲。由于他们本身喜欢我行我素，因此，对于下属的行为差异，他们不仅会包容，还会鼓励。但包容并不是没有界限的，他们需要确保下属的行为不会损害到自己的使命。

作为团队的成员，理想者显得很低调，更多的时候他们会沉浸在自己的世界里。当要求他们发表看法时，他们总能提供经过仔细推敲的观点，并且这些观点往往都能解决根本问题。虽然他们也像专家一样不擅交际，但他们内心是极度关心别人的，如果想要发挥他们在团队中的最大用处，必须先帮助他们从小世界中走出来。

工作环境偏好

理想者拥有不可动摇的坚定信念，更容易影响他人而非被人影响，强迫他们接受内心不认可的事情是很困难的。很难指望理想者循规蹈矩地做事，太多的规矩会压抑想象力，这恰恰是他们不能接受的。鉴于此，要给他们提供一个发挥光和热的平台，不必为他们限定具体的、细节性的工作，提供一个概念范围让他们自由地去发挥更能激发起他们的工作兴趣。此外，让他们和带有个人主义风格的人共事，从而获得影响他人的机会，是理想者持续保持热情的关键因素。

理想者更适合成为一个团队中的精神领袖而非实际领导人，因为他们并不热衷于掌握实权，一心想要打造一个以别人的福利为主要推动力的组织文化，并且无论是什么角色，他们希望工作是多样化的、不受束缚的，这就需要一个有自由思考空间和能够引进革新的工作环境作为保障。

与此相对应，如果环境是缺乏公平的，工作是简单到没有挑战性的，目标是定得非常清晰的，理想者就会变得消沉和沮丧。工作中不停地认识新人以及要求他们紧密配合，会让理想者难以集中精力。如果要求理想者直接监督别人的工作，或者让他们完成高精确度的、细心的工作，这会让他们非常痛苦，因为他们并不愿意纠缠于细节。

管理建议

面对一个"爱哲理""爱想象""爱天马行空"的下属,你需要更多的理解和包容,尽管这样做有些难。

在塑造愿景的最初阶段,你需要和理想者解释清楚背景和概念,着重解释愿景会给人们带来什么好处,以及如何为大家造福,鼓励他们相信未来会更好,这更易激发起理想者的使命感。如果你还能明确地指出计划中的新意和特殊性,让理想者觉得这是一件革命性事件,他们会更有兴趣。

最好能为理想者设立有挑战性的目标,既能迎合理想者的使命感,又能为他们提供开辟新局面的机会。但在设立目标的过程中,你需要和他们认真地讨论,你要阐述清楚你对目标的期许,同时让他们有选择完成目标的方式的自由。千万不要忘记理想者讨厌烦琐细节这一点,日常行政事务和例行事务应委派给他们的下属。

你要记住理想者是面冷心热的,他们严肃、冷静的外表下藏着一颗古道热肠的心,如果想让他们参与辩论,激将法是一个不错的选择。但你需要做好心理准备,理想者基于坚定的信念和原则往往让他们容易未经同意就采取单方面的行动。

在对理想者的工作绩效进行监督时,你需要给他们提供一个工作流程框架,以方便你管理他们的进度。在这个流程框架下,理想者可能会因为最新的信息而自作主张地改变计划,如果你不同意他们的做法,你就要稍作提醒,这也许不会让他们发生改变，但会让他们意识到沟通的重要性。

　　理想者在乎别人的感受，而且愿意通过团队的力量完成目标，因此，在提供绩效反馈时，你要表扬他们所在的团队。理想者会把做事的方法和哲学理念看得与做事的成效一样重要，当你需要他们加入讨论时，必须花一定的心思去迎合他们。如果必须对理想者提出批评，你需要委婉表达和考虑场合，直接批评会导致他们强烈抵触或消极抵抗，他们会拒绝与你继续合作。

第五节 漂浮的演示者

演示者小故事

下半年的产品开发工作提上日程了，部门里每个同事都在制订计划。小燕的计划不仅写得非常多，还非常详细，把具体的步骤以及所需的资源都列在其中了。在部门会议沟通时，大家让小燕评估计划的可行性和实施难度，领导还暗示她的计划需要的资源太多，公司的资源有限，很难为她的计划提供有效的支持。小燕感到非常为难，她认为虽然要解决的问题很多，但是只要部门所有同事都严格按照计划执行，是没有任何问题的。

演示者的内心独白

他们总说我想要做的事情太多，考虑得不周全。但我觉得这些事情本质上并没有那么难，而且每件事，我都制订了详细的计划，只要大家按照计划执行，及时反馈和严密监控进程，我觉得是没有任何问题的。但我不想和同事争执，因为事情还是得靠大家共同去完成，看领导最后的意见怎样吧。

性格特点详解

演示者在外向性和尽责性上处于高分区间，在进取性和宜人性上处于低分区间，他们的性格的主要特点是：

- 善于交际，喜欢开心和热闹。
- 涉猎广泛，观点简单、务实，但容易忽略"真正"的问题。
- 勇于承诺，却不一定能下定决心做好。

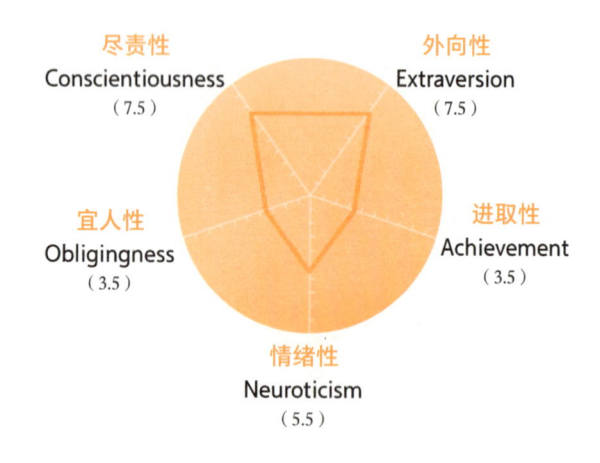

尽责性 Conscientiousness（7.5）
外向性 Extraversion（7.5）
宜人性 Obligingness（3.5）
进取性 Achievement（3.5）
情绪性 Neuroticism（5.5）

图3.5.1　演示者的得分情况

演示者的性格洒脱，热衷于集体行动，喜欢开开心心地和大家聚在一起。他们能够轻易地融入不同的环境，与不同的人建立良好的人际关系。面对问题时，演示者能很快做出判断，提出的观点往往简单、务实，但由于思考得不够深入，会显得有些肤浅，容易忽略现象背后"真正"的问题。

演示者往往精力旺盛，涉猎广泛，喜欢接触新鲜事物，对于感兴趣的事情会轻易做出承诺。但由于他们精力过于旺盛，并且做好一件事的决心不足，导致他们无法合理安排时间，最后可能做不出成绩。

思维方式

演示者不会过多纠结事情的本质，他们会更喜欢把焦点聚集在眼前的问题上。他们小心翼翼地推敲收集到的资讯，并进行应用流程和逻辑分析，强调运用实质数据。但运用各种工具和方法，并不意味着演示者希望深究这个问题、试图从根源上找到解决办法。

本质上，演示者喜欢把问题简单化，总是在寻找解决问题的"妙招"和捷径，在某种意义上，他们喜欢用过程的复杂化来代替结果的深刻化。

沟通风格

演示者总是深信不疑地提出自己的论点，不管他们有没有深入思考过，在沟通过程中，他们容易陷入细节里，而忽视事情的全貌。演示者能够说服他人接受自己的想法，也能顺应情况做出改变。

需要记住，演示者展示的信息不一定是全面的，更多的是经过他们过滤后的信息，因为他们喜欢讲一些确定的好消息，这样就不会受到太多挑战。有时演示者的反应过于快速,让人觉得他们在随风转舵。

工作中的他

作为团队的领导,演示者能够侃侃而谈,但他们不会真正地挑战别人,对于什么是规范和能够被接受的行为也不会过多地思考,只会附和别人的看法。演示者可能不太包容,为了追求一致性,他们可能会对那些被认为与团队"格格不入"的人很有意见。演示者会鼓励下属自己制定目标,并在必要时监督下属的工作绩效,他们经常和下属交流,但不会给予下属太多有益的建议,因为许多问题他们也没有经过深思熟虑。

作为团队的成员,他们会热情地参与到讨论中,对新理念反应很积极,能很快地发表自己的看法,有时一些观点看起来像没有经过大脑思考而在不知不觉中得罪人。演示者的热情和幽默感可以帮助他们迅速融入不同的团队中,他们的社交手腕灵巧,具有较强的政治意识和敏感性,能够与不同的人斡旋。

工作环境偏好

演示者喜欢接受胜过影响,他们不会去挑战别人,因为他们没有兴趣去深究事情的根源,只要知道结果就好。演示者享受和团队在一起的感觉,因此会参与各种团队活动,生怕自己被冷落,让他们独立完成某件事,其实是很困难的。如果你期望激发出演示者的工作热情,可以考虑让他们为一个有声誉的组织做事，并且可以在公司内、外认识很多人，让他们有机会展现才华并获得声誉和尊重。在工作中尽量布置一些目标简单、清楚的任务给演示者，让他们不必做过多的深入思考就可以完成。

相反，如果演示者在一个规则不够清晰的环境里做事，要求他们单独完成某项工作并为这项工作承担个人责任，这会让他们非常郁闷。特别是需要演示者做专门化的技术性的工作，要不停地解决复杂的问题，这会让他们产生退缩心理。此外，尽管演示者擅长交际，热衷于与大家一起工作，但如果你要求他们花大量时间培养和发展他人，这会让他们很为难。最后要谨记，无论演示者是不是通过与别人合作共同完成的某项任务，都必须针对个人给予回报，肯定他们的个人贡献。

管理建议

演示者追求高端、大气、上档次，因此，你提出的愿景和项目要强调公司高层的关注，并用一种积极的、高格调的措辞进行描绘。在说服演示者的过程中，你需要配合他们积极主动参与的性格，并表达出你对他们的沟通能力和说服能力是非常赞赏的，如果能够实现愿景，对他们个人的奖赏和荣誉是可以预见的。

当你为演示者树立目标时，提出的各项目标都应该有具体的时间节点和实现标准，和他们讨论时，让他们有自己拟订一套运作系统的自由。请记住，你需要和他们指出这些目标中哪些与公司的愿景是紧密相连的，并且要让他们明白，公司的总体绩效目标与他们所要完成的目标有直接的联系，这样才会让他们更加重视。最后，你还要解释清楚，你将如何对他们的绩效进行奖励，强调达成目标他们可以获得哪些晋升的机会。

与演示者共事，需要保持友善的关系，尽量不论资排辈。你的说话风格最好要有逻辑性，让他们感觉简洁、不绕圈子。演示者愿意听取别人的意见，然后提出自己的看法，因此你需要提供实质的数据和足够的事实根据，让他们能够迅速找到关键点，但当他们过快地做出决定时，你需要注意他们是否真的把问题考虑清楚了。这也就意味着你既要肯定演示者快速反馈的行为，又要防止他们过于冲动地做出决定。

在跟进演示者的绩效时，过多的干涉会让他们心生反感，因为他们很看重自己的专业形象。你需要做的是，给予演示者足够的自由，定期视察，给予反馈，却不直接干预。虽然你相信演示者在做任何事时都怀着一颗善良和高尚的心，但也要避免他们因为过度分心而没有完成自己分内的事，一旦这种情况发生，你需要温和地把他们"拉"回来。

如果你直接、公开地表扬演示者的绩效，他们会非常开心，不过可不能只是口头表扬，还必须有与之相对应的物质奖励。如果你必须批评演示者，则应私下一对一地进行，公开批评会适得其反，你的批评必须是基于事实的，并且能够提供有建设性的意见来帮助他们提升。演示者通常并不会轻易接受别人的批评，所以你的态度必须坚定，否则善辩的他们会当场辩驳或者很快应付过去。当然，哪怕是私下一对一地交谈，你也要顾及演示者的面子，他们比其他人更在乎"事关脸面"的问题，可以预见，如果他们内心接受你的批评，以后就不会再犯同样的错误。

在制定职业规划时，谨记演示者很在乎工作地位和声誉，要善用演示者灵活适应不同人和环境的本领，考虑他们追求多样化的个性。演示者很容易被有趣的事情吸引而忽略本职工作，这是他们需要提升和改进的地方，需要你帮助他们采取补救措施。

第六节 善于推销的推广者

推广者小故事

阿广是市场部的一名主管，负责公司新上市产品的市场推广工作。

每天一早，阿广会召开团队会议，对前一天的工作进行总结，并讨论当天每个人需要做的事情。每次开会，阿广会告诉大家自己的想法和安排，再让会议中的每个人谈谈自己的看法。可是，一旦有人表达出与自己不同的意见时，阿广会迅速进行反驳，直到对方接受自己的想法。慢慢地，那些本就不太爱在会议中发言的人变得更安静了，大家也不再反驳他的意见。

不过，在市场推广方面，阿广经常能够针对市场热点和流行趋势提出一些独特的见解，他刚刚提出的针对目标用户群体开展公益讲座的策划方案得到大家的一致认同。在方案得到正式批复前，阿广要求所有人提前准备相关材料，以确保方案批下来的第一时间大家就可以快速开展相关活动。

推广者的内心独白

在工作中,我喜欢直来直去的沟通方式。我认为每个人都要勇于发表自己的观点,所以我总会先抛出自己的观点,再去听别人怎么说。有时别人会反驳我的想法,如果他说得有理,我会思考他这个想法好在哪里、对我有什么帮助;如果他说得不对,我也会马上指出来,告诉他哪里有问题。有些人可能会觉得我比较强势,但我不太在意这样的看法,因为我认为在工作中就应该对事情负责,而不是对人负责。

我非常喜欢自己在市场部的工作,在这份工作中,我能充分发挥自己的想象力。在看书或者与别人辩论的时候,我脑海中有时会浮现出一些有创意的想法,我会立刻把它们记下来,并运用到我的工作中。

性格特点详解

推广者在进取性和外向性上处于高分区间,在宜人性和尽责性上处于低分区间,他们的性格的主要特点是:

- 外向、直率,拥有丰富的想象力。
- 喜欢不断挑战自我,较少考虑他人的利益。
- 行动迅速,务实、勤劳,但会忽视一些细节。
- 喜欢思考并愿意表达自己的观点。

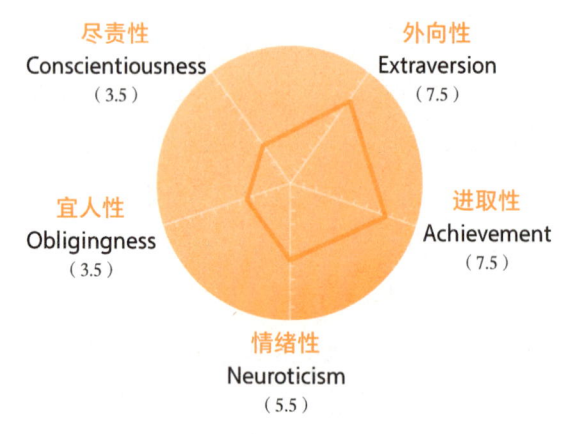

尽责性
Conscientiousness
（3.5）

外向性
Extraversion
（7.5）

宜人性
Obligingness
（3.5）

进取性
Achievement
（7.5）

情绪性
Neuroticism
（5.5）

图3.6.1　推广者的得分情况

推广者顾名思义就是指那些善于推销的人。无论在什么地方，推广者总是能够快速成为众人的焦点。

推广者是坚定的目标导向者，他们内心清楚地知道自己的谈话目的，一旦你开始信任他们，你就要做好掏出钱包的准备。有时，推广者显得不近人情，那些天性比较安静和扭捏的人在他们面前容易感到局促不安和畏缩。推广者不太喜欢一个人做事，如果没有其他人的陪伴，他们很快就会失去热情。

在他人眼中，推广者非常有个性。他们不容易被说服，在与人沟通时，会显得有些咄咄逼人，容易与他人产生冲突。而且，推广者是利益至上者，更喜欢与那些位居要职或能给他们带来利益的人交往。

思维方式

推广者是自信的决策者，他们相信自己的决策总是准确和有效的，并愿意为自己的决策负全部责任。但是，推广者对别人的意见会显得比较挑剔，喜欢挑战各方观点，逼迫别人不断深入地思考问题。推广者做决定的时候不太谨慎，他们很少考虑是否还有其他解决办法，总是快速做出决定，再加上他们不太善于思考细节问题，这会让人感觉整个决策过程过于仓促。

沟通风格

　　毋庸置疑，推广者在沟通方面非常有自信，他们能够通过语言营造一个有积极性、激发性的氛围。面对他人的挑战时，推广者不会感到惊慌失措，他们永远都是那么从容和淡定。推广者喜欢鼓励别人实现自己的理想，还会与他们分享自己对生活、工作的理念。

　　推广者有时对他人的感受不太敏感，他们会因为急于达成目标而忽视别人的情感需求，也许他们在和别人交谈的同时，就已经在偷偷地为自己做打算了。

工作中的他

　　作为团队的领导，推广者能够很有兴致、深信不疑地向他人传达自己的愿景，制定出清晰、明确的目标。推广者不会轻易认同他人的观点，喜欢挑战别人的观点。推广者类型的领导者一般非常看重绩效数据，他们坚持用数据说话，并且不害怕做出淘汰他人的举动。优胜劣汰是他们秉持的管理原则。

　　作为团队的成员，推广者喜欢在团队中扮演领导者角色，他们经常主动发起讨论，并快速抛出自己的观点。如果处在一个非正式的团队中，推广者会主动鼓励他人提出想法和措施，并给出自己的建议。对于推广者来说，没有什么是不能改变的，他们拥抱新变化，能够快速地适应变化着的环境。但是，推广者有时会过于快速地做出决定，导致他们因考虑不周而否决别人的意见。另外，推广者还容易让人感觉他是一个多事者，什么事情都喜欢横插一脚。对于很多人来说，机会是可遇不可求的，但是推广者能够以自己敏锐的视角与雷厉风行的行事风格去发现机会。

工作环境偏好

对于推广者来说，如果他们能够成为团队的领袖人物和代言人，就能够极大地促进他们的工作动力，激发他们的工作热情。如果在工作中，每名员工都可以畅所欲言，发表自己的观点，并且优秀的创意能够被肯定和执行，推广者就更容易在团队中找到自己的价值所在。推广者更喜欢做一些有挑战性、能够与其他部门合作或者与客户打交道的工作。推广者具有吃苦耐劳的精神，如果是从事带有创业性质的工作，只要让他们认可公司的愿景，他们就会保持比较大的工作兴趣。

相对地，推广者不喜欢被过度约束，也不喜欢个人地位无法得到提升的工作。那些内容单一、让人感觉闭着眼睛都能做好，或者节奏缓慢、稳定的工作会慢慢消磨掉推广者的激情。

管理建议

推广者最大的特点就是他们"追求个人成功",满足感来自外部的认可,所以你不能过度严格地管理他们,应该给予他们一些独立自主的空间,让他们发挥主观能动性。

在塑造愿景的时候,你要迎合推广者喜欢挑战、探索和关注目标的性格,给他们描绘出一个极具吸引力的愿景。推广者有时不太关心这些愿景是什么,而是关心实现这些愿景能够给他们带来哪些好处,所以你在说服他们的时候可以强调,愿景带给他们的正符合他们对未来成功的憧憬。如果有机会,你也可以与他们一起探讨这些愿景,并认真听取他们的意见。

在为推广者树立工作目标时,你要尊重他们追求自由和自主的意愿,但你也要认识到他们有时会比较冲动,因此你需要及时为他们敲响警钟。如果你与推广者想要达成的目标存在差异,那么你一定要让他们清楚地知道你的要求是什么,并且在必要的情况下,让他们知道如果不按照你的要求做出改变将会对他们的前途或地位造成损害。一旦确定工作目标,你不需要严密地监督推广者的工作,正式性的、近距离的监督会引起他们的反感。不过,推广者在工作中可能会存在一些人际关系问题,比如他们可能会太快对别人的能力做出判断,甚至咄咄逼人。这时,你需要给予推广者一些友善但严肃的忠告,要指出问题在哪里,然后让他们自己找出解决的办法。

推广者从不掩饰他们对于成功、权力的渴望,当你认为他们在能力上达到了你的要求时，你就可以给予他们更多的权力，让他们承担重要的工作。推广者喜欢保持忙碌的状态，所以，你可以尽可能地为他们多布置一些工作，否则他们会因为工作枯燥、细节烦琐而感到厌倦。

推广者非常看重上级对他们的看法，你需要让他们知道你看重他们的能力，比如策划一场活动；激励一群有共同志向的人去付诸行动；争取团队其他人的支持和承诺。你可以创造一些机会促进推广者与其他同事的交流，让他们可以探讨工作和分享经验。

当推广者获得成功时，你也可以在一些公开场合向他们表示祝贺，并表扬他们的工作热忱和愿意为公司做贡献的态度。如果你认为推广者身上有一些问题需要改进，你必须在这些问题刚刚暴露的时候就立即向他们提出，不可能拖延。你需要用事实来说话，让推广者深刻地认识到好的行为应该是怎样的。你不能说一些模棱两可的话，或者态度不坚定，他们会因此不太认可你的忠告。

为了更好地开发推广者的职业生涯，你可以明确告知他们未来可以发展的方向，他们会为了达成目标自发地付出努力。当事态发展不如你所愿时，你要观察他们的行为反应，避免他们因为沮丧而影响绩效。你可以为他们多争取一些培训机会，即使目前没有升职的可能，他们也会因为拓宽了自己的知识领域而干劲十足。如果你认为某些推广者具有成为管理人员的潜质，你还需要帮助他们发展管理下属的能力。

第七节 务实的实效者

实效者小故事

小石当了两年教师后,决定辞职创业,积极投身于线下培训行业,想要做出一番事业。

经过两个月的筹划,小石找到了两个合伙人,租了几间教室准备大干一场。在装修教室的时候,为了节省资金,他们决定自己拼装课桌,并且每人分担同样的任务量。小石先认真分析了如何拼装效率最高,然后才开始动手。当其他两个合伙人还在聊天的时候,小石自己一个人默默地拼装课桌。当小石负责的那部分课桌拼装完后,其他两个合伙人才开始拼装并向他求助。但是,小石拒绝了他们的求助,自己一个人先行离开。

培训班开业后,小石要求所有人都制订详细的季度计划,并且每一项工作必须落实到位,他将详细的任务安排表挂在办公室最显眼的地方,这样大家一进办公室就能看到。此外,小石坚持召开月度例会,复盘业务情况,并让每个人进行反思。虽然培训班的业务发展得很快，但是很多员工认为公司要求太高，让他们感到工作压力很大。

实效者的内心独白

我从小就对自己有很高的要求，希望每一件事都能做得又快又好，至少不比身边其他人差。当了两年老师后，我认为这样的生活太平淡了，一直重复做同样的工作太没有挑战性，所以我决定出来创业。我相信，只要我努力，肯定会成功。

在筹备阶段，我最讨厌做事拖拖拉拉的，比如，那次拼装课桌，我先做完了，当其他合伙人希望我留下来帮他们的时候，我拒绝了。我不理解每个人做的事情一样多，为什么他们做事这么慢。后来，我听说他们那天做到半夜才回去，虽然我没有帮他们不太好，但是也没什么，我们只需要为自己的任务负责。

在工作中，我不喜欢做没有计划的事，在我眼里，没有计划大家就会乱套。没有规矩，不成方圆。因此，很多时候，我要求大家一定要按计划完成任务。现在我们的培训班生源很好，我认为跟我的管理方式有很大关系。

性格特点详解

实效者在进取性和尽责性上处于高分区间，在宜人性和外向性上处于低分区间，他们的性格的主要特点是：

- 有强烈的方向感，目标坚定。
- 信奉"井水不犯河水"，内心追求独立自主。

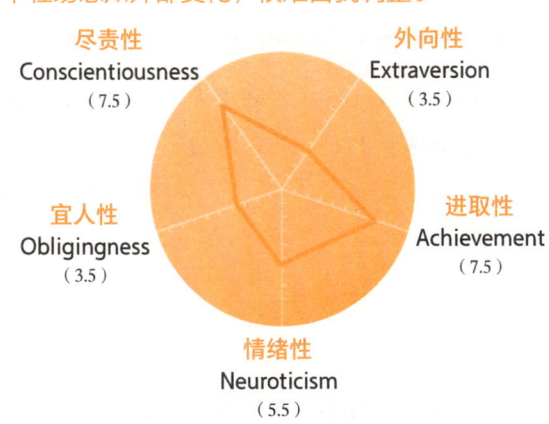

● 不轻易感知外部变化，很难自我调整。

尽责性
Conscientiousness
（7.5）

外向性
Extraversion
（3.5）

宜人性
Obligingness
（3.5）

进取性
Achievement
（7.5）

情绪性
Neuroticism
（5.5）

图3.7.1　实效者的得分情况

实效者是非常典型的目标驱动者。他们的最大特点是一旦下定决心便会勇往直前，有强烈的使命感。实效者在工作中会特别专注，在他们看来，高效完成目标永远是第一位的。所以，与这类人共事时，你可以很放心地把任务交给他们。但是，实效者一般不太关注其他人的需求，所以可能会在前进的步伐中踩到别人的脚。

有时，实效者会用比较苛刻的眼光看待事情，他们不仅用高标准来要求自己，还会要求其他人达到一样的水平。对于实效者而言，没有最好，只有更好。

思维方式

实效者是行动力强且务实的决策者，他们总能基于逻辑和数据得出可靠的结论，一旦确定方法后，他们会快速付诸实践。实效者对细节信息比较敏感，做事井井有条，遇事会仔细斟酌，可以很好地处理风险问题。但是，有时实效者会太快做出决定，听不进其他人的建议，甚至为了确保自己的想法得到实施，他们可能会抹黑别人。倘若实效者在工作中碰到一件事情需要中途调整方向，他们将很难快速做出调整和改变，会显得比较固执。

沟通风格

在实效者看来，使用直接的沟通方式是最舒适的，双方可以快速地、简明地表达各自的观点和立场。实效者讨厌说话遮遮掩掩、拐弯抹角。当实效者不同意别人的观点时，他们也会直接表达自己的看法，甚至会说得非常直接，不给人留情面。

一般来说，实效者提出的建议都是非常务实的，但他们的沟通方式过于正式和冷漠，容易让对方产生受伤的感觉。另外，实效者需要注意，在批评别人的时候，要考虑一下别人的感受，不要过于刻薄。

工作中的他

作为团队的领导，实效者能够为下属制定清晰的目标，使得每个人都清楚地知道自己要做什么和需要达成什么样的效果。在执行任务的过程中，实效者会不断地挑战别人的观点，并强烈要求别人对自己的问题给予答复。实效者喜欢紧密地监督下属的绩效，一旦出现绩效不达标的情况，他们会立刻指出来并要求下属改正。在一些原则性问题上，实效者不会轻易做出让步，他们通常会先把事情做好以表明自己的态度。

作为团队的成员，实效者能很好地发挥团队支柱的作用，他们对事情应该怎么做总是有非常坚定的想法，能够推动自己和他人达成目标绩效。在实效者眼里，每个人都应该对自己的工作结果负责，他们坚持人人都要有绩效。但是，作为团队的一分子，实效者很难贡献出比较有创意的想法，而且他们不太认同其他人的想法，比较固执。大多时候，实效者喜欢独立管理一项业务，并且希望掌握足够的权力来推动工作目标的达成。

工作环境偏好

实效者对周围的环境变化不太敏感，他们不太关心最新发生的热点事件。对于实效者来说，默默地做好自己的事情才是最重要的。如果可以，实效者会选择低调地待在人群中，他们认为，工作中有一两个关系好的伙伴足矣，参加社交活动会浪费他们太多的精力。

实效者喜欢在团队中凸显自己的重要性，他们渴望得到晋升，并得到领导的重用。如果你想让实效者极大地发挥出他们的工作热情，你就要让他们能够管理自己的绩效，因为他们喜欢设定一些具有挑战性的目标，并且通过这些目标的达成来获得团队中其他人的尊重和信任。当实效者获得成功的时候，口头表扬或精神上的鼓励并不能激发他们，他们更喜欢实质性的回报。实效者的成功欲非常强，需要为他们指明职业上升的通道，或者让他们相信自己在这份工作里有机会发展一门专长。

实效者喜欢被尊重，他们的价值需要在一个讲究辈分和地位的环境中才能得到体现。相应地，要避免让实效者在一个活跃的、行事风格过于奔放的团队里工作，如果需要大家共同承担责任，每个点子都要互相分享，他们很快就会感到精疲力竭。另外，太需要创意的工作也不太适合实效者。

管理建议

实效者喜欢接受挑战，追求工作效率，你在管理他们时，要谨记给他们一定的自主空间，让他们可以自己确定做什么，以及怎么做。

在塑造愿景的时候，你可以用愿景将如何改进工作效率作为切入点来说服他们，切记提出的观点要非常有逻辑性，最好可以引用一些"专家"的意见，不然你将很容易接到他们抛过来的挑战。为了进一步吸引他们，你可以强调愿景成功实现将会给他们带来什么收益，以及如何帮助他们的职业生涯发展。实效者难以接受模糊性的目标，你要让他们清楚地知道，他们在这个愿景里扮演着什么角色，同时要适时指出愿景的实现有赖于他们的贡献。

为实效者树立目标不是一件太难的事，你只需要告诉他们你的期望是什么，他们便可以自己决定如何做以达成目标。实效者对自己的能力往往充满自信，觉得所有人都应该对他们的能力放心。因此，你可以放手让他们自己创建和管理部分业务。

每次与实效者谈绩效结果的时候，这个过程应该是简明扼要的，让对方知道现状是什么样子的即可。但是，当你的计划有可能改变时，你要在第一时间让实效者知道，因为他们一旦开始行动之后，将很难重新来过。如果你想批评实效者或给他们提出一些改进意见，你需要把握好分寸，要基于事实说话。刚开始他们很难听进你的意见，你必须做好心理准备，他们可能会为自己辩解，不承认自己的过失，事先准备好应对他们反驳的话术会事半功倍。在实效者对你的批评进行反驳时，你也要坚持自己的意见，但也别让他们感觉太没面子。

在开发实效者的职业生涯方面，他们已经是追求事业成功的人，你只需在必要的时间给他们提供相应的资源即可。所有实效者需要改进的地方都在于如何避免或减轻自己的强硬作风对其他人造成的负面影响，你要帮助他们认识到这一点，并提出改进意见，使他们拥有更好的前途。

第八节 自我奉献的辅导教练

辅导教练小故事

公司最近重新整理知识库,特别成立了一个小组负责此事,小福是小组成员之一。小福觉得这件事特别重要,想要尽快完成自己负责的那部分工作并帮助其他成员。但小福在与其他成员交流发现,他的做法和大家的做法存在一定的差异。于是小福借鉴别人的做法重新梳理了自己的思路,找到了一种更简便的方法。虽然新方法的效果不错,但是操作起来有些复杂。为了推广新方法,小福主动承担起老师的角色,帮助其他成员熟悉这套操作方法。尽管这会比小福自己独立完成花费的时间还要多,但他丝毫不在意,反而乐在其中。每次看到别人可以独立完成梳理工作时,小福就会感到特别开心,觉得非常有成就感,这一天过得很充实。有一些成员自己分内的工作也喜欢请小福帮忙,他通常也不会拒绝。

辅导教练的内心独白

我喜欢和大家一起工作,能够帮助别人是一件特别有成就感的事。如果团队成员如同一盘散沙，那么事情一定不能做好。我相信"授人以鱼不如授人以渔"，帮助别人不能只做表面功夫，你帮他做了一次、两次，他下次还是不会，这有什么用呢。因此，如果真心想要帮助别人，就应该教给他们方法，而且要保证他们学会。

当然这会花费我很多时间，有时领导也担心我自己的事做不完，还得为别人的事加班。但是没有关系，在团队工作中，大家应该相互帮忙，而且他们那么看重我、感谢我，我真的很开心。

性格特点详解

辅导教练在宜人性和尽责性上处于高分区间，在外向性和进取性上处于低分区间，他们的性格的主要特点是：

- 乐于奉献，在乎别人胜过自己。
- 拥有崇高的理想和原则，做事有效率。
- 不善交际，难以适应聚光灯下的生活。

说到辅导教练，足球迷或许会立刻想到穿衣有型的德国国家足球队前主教练勒夫，或是满头银发的广州恒大足球队前教练里皮。这些教练竭尽全力地辅导球员，帮助他们在球场上激发出最佳状态，每一场胜利都离不开教练全身心的投入。球场上乐于奉献的辅导教练是值得称赞的，而企业里的辅导教练同样备受称赞。

辅导教练这类人拥有崇高的理想和原则，富有同情心，

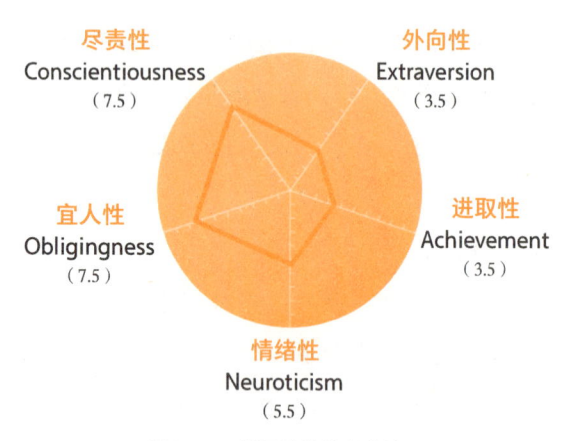

尽责性
Conscientiousness
（7.5）

外向性
Extraversion
（3.5）

宜人性
Obligingness
（7.5）

进取性
Achievement
（3.5）

情绪性
Neuroticism
（5.5）

图3.8.1　辅导教练的得分情况

有着帮助别人的强烈意愿。他们性格内向，不太引人注意，与之相处需要一段"热身"的时间才能接近。他们严于律己，做事讲究效率，如果事情没有达到预期，他们会感到很失望。

辅导教练是发自内心地关心别人，有着很高的道德准则，会有礼貌地对待周围的每个人，他们虽然不善交际，但是内心非常敏感，能够细心地感知他人的需求，并且快速地做出反应，因此他们不会错过任何一条求助信息。总而言之，辅导教练天生就具有自我奉献精神，喜欢帮助别人。

思维方式

安静的辅导教练面对任何事情都会仔细研究一番，对于发生的事情会让自己有足够的时间去了解，经过深思熟虑才会提出建议。辅导教练具有制约冲动者的本领，有办法抵挡冲动者"爆发的小宇宙"，小心翼翼地降低和管理风险。但辅导教练的小心翼翼显得过于谨慎，并且事事都要分析清楚会导致思考的速度太慢。

沟通风格

辅导教练通常会放低自己的姿态，耐心地聆听别人的看法，他们倾向于先观察再做出判断。对于好的建议，他们会非常支持；对于不好的建议，他们会保持沉默。辅导教练一定是经过深思熟虑后才发言，因此他们一般是最后发言，他们的发言通常代表整个团队的观点。如果没有被要求加入讨论，辅导教练也可以从头到尾保持沉默。

工作中的他

作为团队的领导，辅导教练信赖公司的政策，对待工作非常投入。他们能够耐心地聆听别人的想法，就算与自己的想法有差异，也能够尝试理解和包容；他们会与下属共同制定务实的工作目标，随时跟进目标的完成情况；他们是坦诚的，乐于接受别人对他们工作表现的反馈意见，同样地，他们也乐意向别人提意见。最难能可贵的是，他们会为了促进别人的利益而勤奋工作。

作为团队的成员，辅导教练是专注的、高效的，因为他们能聚焦关键任务，致力于达成团队目标。同时，他们是乐于奉献的，能够做辅导性工作，帮助别人开发技能，对于他们而言，发展一对一的关系是一件很愉快的事情。虽然他们能够为别人贡献光和热，但日常接触到的他们并不十分热情，在某些方面还会显得太过内敛。

工作环境偏好

辅导教练非常乐意贡献自己的光和热，只要有机会，他们就会将自己的所学所思无偿分享给大家。他们总是发自内心地希望这个世界变好，并且愿意付出实际的努力。因此，想要激发辅导教练的工作热情，需要结合他们的个性特点，给予他们贡献自己的光和热的机会，比如让他们帮助别人，感觉自己对别人和社会都有贡献。分配给他们的工作要能发展他们某一方面的特长，这样他们就可以更好地帮助别人。如果工作要求是细心和高精确度，他们会工作得更开心。

在以下情况下，辅导教练会变得很沮丧。比如，要求他们传递坏消息，或者干涉他们的工作，不让他们把事情好好做完。试想一下，辅导教练如此在乎别人的感受，让他们传递坏消息，他们是非常难受的。此外，如果被要求当众想出办法并仓促地做出决定，也会让他们非常难受，因为他们没有足够的时间来审慎地进行思考。要记住，辅导教练不善于快速应对变革，不要让他们处于一个对变革有强大阻力、容易起冲突的环境中。

管理建议

辅导教练也许会比其他性格画像的人更好管理，因为他们更乐于接受别人的反馈。但如果想要将他们的潜力发挥到极致，同样需要换位思考，用他们最能接受的方式来开展你的工作。

在描述愿景时，你需要准备充分并且表达清晰，价值观、商业品德和准则在辅导教练心中都有着非常重要的地位，如果你忽视了他们所看重的东西，他们会感到非常失望，从而意志消沉。正如每个人都希望知道自己的努力会对愿景的实现有所贡献一样，你也需要告诉辅导教练，他们可靠、坚忍的性格和领导才能会在实现愿景的过程中被发现。

正如在塑造愿景时需要把愿景解释清楚一样，你在树立目标时也需要把目标解释得很清楚，并且要非常具体，辅导教练需要明确知道你想要的是什么。为辅导教练安排一些辅导他人的任务，这样做，一方面可以确保他人的工作符合质量标准，另一方面可以满足辅导教练帮助他人的需要。

辅导教练平时会很沉默，不善于表达自己的感受，因此让人觉得很疏远，这可能会掩盖他们极富同情心的一面，你需要花费一定的时间才能真正了解他们。正常情况下，一对一的交谈会让辅导教练更放松，他们总是审慎地思考，这就需要你比他们先提出见解，才能让他们提出自己的见解。在变革时，要给予他们足够的时间去思考，不要逼着他们快速做出反应。

你不需要对辅导教练进行监督，因为他们对待工作尽职尽责，非常投入。但你需要经常肯定他们，让他们觉得你很认可他们的工作，同时你必须找出他们需要你支持的地方，因为他们不会太主动提出。辅导教练有时过于专注细节而忽视整个大局的发展，因此你要去做善意的提醒。对待重要的事情，你需要提前告知辅导教练，给他们足够的准备时间，如果事情的优先顺序发生了改变，你也需要和他们解释其中的原因。

当你和辅导教练讨论绩效结果时，要感谢他们的努力和尽职尽责，对于他们乐于助人的优点要给予充分的肯定。你不必担心需要对辅导教练进行负面评价，因为他们对自己的要求很高。如果你觉得实在有必要对辅导教练进行负面评价的反馈，那么你要做到尽量客观，让他们觉得这是对事不对人，这么做的目的是让他们以后做得更好。

辅导教练不大会思考自己的职业生涯，所以你得主动为他们思考职业发展问题，并询问他们的愿望。当你发现辅导教练有所期待时，你只需要为他们制造机会，他们自己就会拼命去努力。鉴于辅导教练总是为别人着想而忽略自己的特点，在公司里，你要为他们站台。

第九节 乐于助人的引导者

引导者小故事

子公司财务部收到通知,近期集团审计部门会过来检查工作,为此全部门都在做迎检的准备。小应积极参与其中,恰好另一个同事请病假,于是他主动承担了该同事的工作。由于小应比较热情和愿意帮助他人,其他同事有任何财务相关的问题,都喜欢找他咨询,经常打断他手头的工作,但他并没有表现出不耐烦,总是来者不拒。

小应每次看到报表上出现问题,都会找到相关同事去问清楚,在与他们争执不下时,又不会过分地坚持自己的意见,经常说着说着就转移到无关紧要的问题上。临近检查,小应每天加班加点还是很难完成任务,每次上级催促,他都感到非常难受,却又无可奈何,不知如何是好。

引导者的内心独白

事实上,我很乐意帮助别人,人家都说做财务的人不通情理,但我肯定不是这样的。对于其他部门同事的问题,我如果能够帮忙解决为什么不帮忙呢？拒绝一两次之后，人家以后有什么事也不会找你了。我唯一苦恼的是，事情太多而时间总是不够。如果给我足够的时间，我一定可以把每件事都做好。

每次和同事讨论，都是一次进步的机会，讨论的重点不在于谁对谁错，而在于大家的想法有没有互相启发、别人是否因此受益。

性格特点详解

引导者在宜人性、外向性上处于高分区间，在尽责性、进取性上处于低分区间，他们的性格的主要特点是：

- 精力旺盛，自由随性。
- 广泛社交，喜欢和他人打交道。古道热肠，以帮助别人为己任。

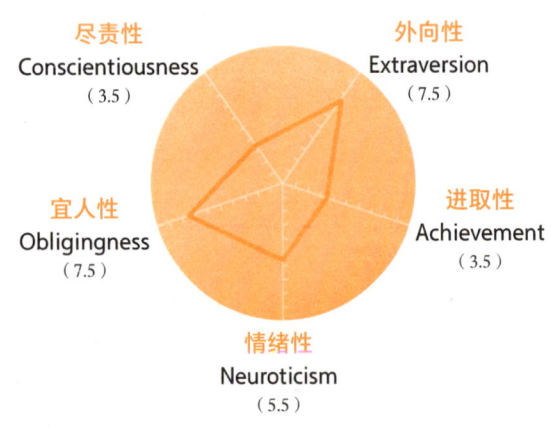

尽责性 Conscientiousness （3.5）

外向性 Extraversion （7.5）

宜人性 Obligingness （7.5）

进取性 Achievement （3.5）

情绪性 Neuroticism （5.5）

图3.9.1　引导者的得分情况

引导者在人群中是比较受欢迎的，他们的热情奔放会让人难以抵挡。他们性格外向，在团队里如鱼得水，与大部分人都能建立起良好的工作关系。他们会真正地关注别人的遭遇，发自内心地关心别人。他们维系人际关系的方式有时显得比较辛苦，总是过多地考虑别人，过多地关注别人的想法，而且不敢对别人提出任何要求，生怕被别人拒绝。

引导者怀有一颗包容之心，理解和体谅他人的难处，他们会把别人的利益放在自己的利益之上，是大多数人眼里的"好兄弟""好姐妹"。引导者很害怕做"坏人"，倾向于避免与人发生冲突，避免处理纪律性的问题，在某些场合会显得过于友善。

思维方式

引导者做任何决定之前都喜欢广泛地咨询周围的人，他们乐于鼓励大家提供各种可能的解决问题的办法，并且尝试找到一个广受欢迎的平衡点，与大家达成共识。

引导者容易陷入眼前的烦扰，不会预估未来，可能在问题出现时才会做出反应，不过他们能够快速地调整自己以适应变化。此外，他们还缺乏独立见解，也没有很坚定的立场，容易太快向别人妥协。

沟通风格

引导者喜欢创新，能够侃侃而谈，也能鼓励他人发言，有能力把看法迥异的人聚集在一起讨论，通常他们不会挑战任何人，因此，大家在他们面前不会感受到压力。不同想法的碰撞可以激发更多的新理念，这是引导者最希望看到的。引导者的最大问题是容易偏题，他们经常口若悬河地说个不停，以至于没有真正地聆听别人说了什么。

工作中的他

作为团队的领导，引导者对下属是热情的、关怀的，而且能够让下属感知到，这一点与辅导教练有所不同。辅导教练发自内心地关心下属感受，但通常因为他们过于冷静、严肃而让人感受不到。引导者对待下属的方式是以鼓励为主、以协助为辅，鼓励大家说出自己的想法，不轻易挑战别人的观点，但在讨论的过程中，他们有可能为了理解别人的想法而态度软弱。此外，引导者会帮助下属制定工作指导方针，但极少监督任务的进程，而是让下属自己把握工作进度。

作为团队的成员，引导者会踊跃参加各种活动，在别人眼里，他们总是激情洋溢、充满热忱。在工作中，他们喜欢出各种点子，创意无限，但可能会因为参与太多的项目，分散了精力，导致他们很难从头到尾跟进好一件事，容易半途而废，显得他们不怎么可靠。

工作环境偏好

引导者不喜欢独立完成一项任务，而是更依赖于和团队共同完成任务，喜欢什么事都参与一下，很享受被别人需要的感觉。根据引导者的偏好，激发他们的工作热情需要注意以下两个方面：一是工作方式，让他们在团队中工作，可以与同事保持密切的联系，而且有机会引导和帮助别人；二是工作内容，要给他们设置多个有挑战性的任务，这样他们才不会感到厌倦。

如果你无法保证具备以上两个方面要素，那么你至少要避免以下情况出现：让引导者在一家非常专业化的公司或太过技术性的部门工作。让他们与专家人物合作会让他们非常不自在。

最好不要让引导者发号施令，更不要让他们传递坏消息，这是他们最不愿意做的事情，因为他们不忍心看到别人难过。同时，尽量避免让引导者处在一个不断争执和冲突的环境里，这会让他们感到非常孤独。

管理建议

引导者的团队意识很强，因此你应该强调"通力合作""整合资源"等好处，肯定他们主张变革、有能力通过沟通协调来获取他人信任和信守承诺的优点。

引导者会很热情地拥抱变革，因此，你在向他们塑造愿景时，要配合他们对发展、变革和创新的兴趣，强调愿景中包含对人类和社会有益处的方面，他们会感到很有使命感。

与引导者共同讨论之后确定的目标会让他们更容易接

受，在这个过程中，你需要确保他们清楚你的要求。不要让引导者承担太多的事项，给予他们决定如何实现目标的自由，但你需要帮助他们确定事情的优先顺序，避免他们总是分不清主次。此外，要注意引导者总喜欢把事情看得很复杂，还习惯乐于助人，承担太多责任，因此，你要清楚地告诉他们这样做的后果是什么。

引导者期望自己的努力得到大家的认可，成为一个"被信赖的人"。不要错把他们轻松悠闲的作风看作办事不专业或慢条斯理、不在乎的表现。实际上，轻松、友善和鼓励性的工作关系更有利于他们发挥自己的优势。

在监督绩效时，你需要记住两点：第一，不要让他们随便分心；第二，给予他们足够的自由。这两点要做到并不容易。对于第一点，一开始，你就要协助他们做好选择，在过程中一旦发现他们偏离轨道，就要及时把他们拉回来。对于第二点，你不必事事跟紧，只需要在一开始的时候交代清楚关键时点、及时介入即可。

在提供反馈时，引导者喜欢你亲自且直接的表扬，希望任务一完成就能得到你的反馈。在表示认同时，他们喜欢自己是作为团队的一分子得到器重和肯定。引导者非常勤奋、努力，对自己有较高的要求，因此，你应尽量避免直接批评他们，但他们也能接受你指出的不足，并及时改正。只是引导者犯的错误很多是分心的结果，事情太多、太复杂，即便他们再有本事也难免会犯错，所以避免让他们分心是你作为领导的首要关注点。

在指导引导者选择职业道路时，尽量善用他们的优势。在引导者心中，也许并没有想清楚自己的职业道路，比较倾向于"跟着潮流走"。但你仍然可以从引导者的个性中找到值得引导的因素，比如鼓励他们选择一个能够运用自己社交能力的职业，让他们选择一份多样性的工作，会让他们感觉更好，他们不太在乎地位和声望。

第十节 开放创新的倡导者

倡导者小故事

老常是某公司的副总裁,该公司处于一个新兴行业,发展前景充满着不确定性。虽然近几年公司步入飞速发展期,但老常与总裁之间的关系越来越紧张。老常希望公司尽可能地尝试各个方向,每次找总裁沟通都是讨论行业发展趋势,老常认为公司需要进行变革以实现弯道超车,但当总裁询问具体的收益成本预算、实现难度与具体计划时,老常都拿不出详细的方案,所以每次和总裁的讨论最终都不欢而散。

倡导者的内心独白

今天和总裁沟通了一个新的业务方向,如果公司往这条路走,肯定能够再创佳绩,成为行业的引领者。但是总裁总是询问这个方案的具体细节,是不是故意刁难我?任何新事物都是要尝试了才能知道怎么做,我对公司的价值应该体现在为公司找到新的增长点和新的业务方向上,不应该在做具体的财务核算和计划上。算了,明天再去找总裁沟通一下这个想法。

性格特点详解

倡导者在宜人性、外向性、进取性上处于高分区间，在尽责性上处于低分区间，他们的性格的主要特点是：

- 有崇高的目标和使命感，并有说服力。
- 喜欢与人交际，能够关心他人。
- 热情并激动地倡导新想法。

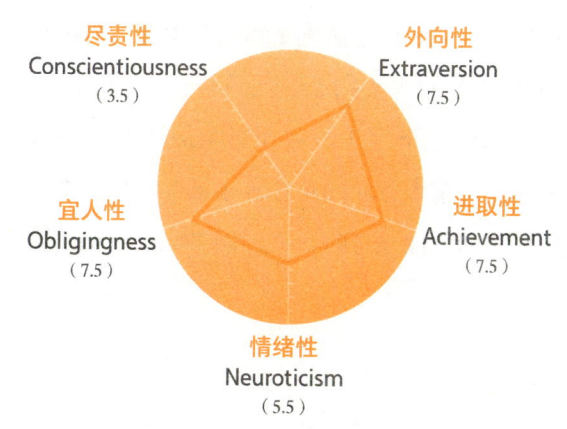

尽责性
Conscientiousness
（3.5）

外向性
Extraversion
（7.5）

宜人性
Obligingness
（7.5）

进取性
Achievement
（7.5）

情绪性
Neuroticism
（5.5）

图3.10.1 倡导者的得分情况

倡导者性格外向，喜欢结交朋友，并且擅长与人互动。他们精力充沛，兴趣广泛，在人群中是典型的"活跃分子"，特别能够提出令人兴奋的点子。他们做事比较冲动，不是特别喜欢循序渐进而是具有较强的伸缩性，值得庆幸的是，大多数时候，他们能以目标为导向。

倡导者能愉快地与不同层级的人沟通，他们不会武断地给人定性，或者给人贴标签，而是能够包容、接受他人。同时，倡导者十分讲义气，关键时候能够保护朋友，因此在组织里很受欢迎。

思维方式

倡导者有自己的一套明确的理论和方法，总是会积极主动地提出自己的想法和建议，当然，他们也会鼓励别人提出替代方案。逻辑和感情都会影响到他们的决定，再加上他们做事容易冲动的特点，一旦想法确定就会马上进行尝试和实施。

有时倡导者的观点可能过于复杂，让人难以理解，或者在讨论中太快地下定论，从而影响最终的分析和判断。另外，他们往往注重大方向而不注重小细节，认为细节问题会自行化解而对其选择性地忽略，使得做事虎头蛇尾，影响目标的最终达成。

沟通风格

倡导者会热情地与人沟通，喜欢讨论，鼓励辩论，坚持每个人都要加入其中。在争论中，他们往往具有说服力和激发性，虽然大家可以自由地表达意见，但最后也容易被他们用更有力量的语言说服。这类人需要注意，在发言中自己是否话太多，或者个人论点只是在绕圈子，如果出现这样的情况，就需要提醒自己适当调整行为。

工作中的他

作为团队的领导，倡导者能够塑造出令人兴奋的愿景，鼓励下属设立高难度的目标，并且付出实际的努力来支持他们达到目标，共享成功的果实。倡导者对工作进程的监督有限，因此他们也依赖团队成员的自我管理能力。

作为团队的成员，倡导者是"点子王"，他们能够随时迸发出新点子，并且充满创意。他们喜欢参与团队事务并鼓励大家开展讨论，也能激发他人的思考，但当他们想要推行自己的想法时，在某种程度上可能会抑制别人的想法。他们乐于推动事情向前发展，关注的点也很多，可并非每个点都重要，因此会出现小题大做的情况。

工作环境偏好

倡导者在人和事方面有着强烈的想要影响别人的意愿，他们会主动站出来主持局面，迎接挑战，而不是受到他人的影响。倡导者愿意发动周围的人共同完成工作，享受"被需要"的感觉，而不是自己一个人独立完成。在既定的规则面前，他们总是变着花样寻求突破而不是循规蹈矩。

因此，我们可以分析出来，倡导者更喜欢那种有崇高的目标或者使命感的工作，如果能扮演领导角色，传达个人愿景，在讨论重大问题上有影响力、有说服力，有开发和鼓励他人的机会，会让倡导者感到自己的工作更有价值。在一个有创意的环境里，从事"概念性"工作而不是细节性工作，并且能与同事建立工作之外的良好关系，也会让他们更富有工作激情。

反之，如果工作环境高度正式、规则不公平、与同事没有交集，或者工作太单调、太容易、太过专业化甚至太死板，而自己的努力又得不到肯定，这些都会使倡导者对工作失去兴趣，变得毫无动力。

管理建议

倡导者本身就是擅长描绘愿景的高手，因此，你作为他们的领导，在阐明愿景时，要一语中的，表情要轻松自然、富有热忱，鼓励并激发他们立志为一个目标而奋斗。注意迎合倡导者喜欢辩论和思考新可能性的心理，如果要让他们相信某个做法的优点，必须让他们明白这些优点将会使团队和团队成员都获益。同时，让他们知道自己的灵活性、创意和激发别人的能力将是成功的关键。

如果你要为倡导者制定目标，需要通过讨论达成一致，但要让他们有补充目标和决定如何实现的自由空间，不要过多干涉，要相信他们有能力自己监督工作进程和有追寻最终目标的意志。目标完成的时限要合理、明确，可以把大目标化整为零，使得每个目标的时限都短一点儿，这样他们才容易制订计划。避免让他们负责日常的、琐碎的、细节性的任务，防止他们精力过于分散。

倡导者比较喜欢领导从旁协助,而不是过多干涉。如果你是倡导者的领导,可以召开日常的、非正式的会议,用比较随和的态度监督工作进程。倡导者可能会为了应付新局势而改变或调整事先同意的计划,所以必要时要求他们阐述并再度制定完成目标的时间表,帮助他们集中精力,但不要因此而扼杀了他们的创新和直觉的才能。

可以适当地给倡导者提供反馈,称赞他们表现出的热忱、直觉和伸缩性,肯定他们的工作能力。事实上,倡导者让人感到不满意的地方可能非常少,如果有的话,可能是跟个人缺乏自律和做事缺乏计划有关。和许多精力分散导致事情没有办法达到预期目标的人一样,倡导者会为批评而自我辩解,会声称其做法完全是为团队整体利益着想,因此是有理的。所以,不宜把批评的矛头指向倡导者或与其过多辩论,更合适的方法是与他们一同探讨以后如何做才不会招致批评。

如果要开发倡导者的职业生涯,更适宜的方式是鼓励他们投入宣扬商业道德、目标高尚的工作中,这可以让他们发挥自己善于传播愿景的优势。同时,倡导者很在乎自己的存在感,需要给予他们有足够的声望和权力的职位,特别是遇到传统、守旧的人反对时,可以派他们去应对,让其提倡新观点,并能以自身的说服力和热忱去争取他人的支持。

第十一节 传奇的创业家

创业家小故事

10年前,阿闯加入某跨国公司,成为该公司中国区的第一批员工。

他从来没有请过一天假,每次都超额完成自己的目标,他有很强的成就心,认为工作的意义在于不断挑战极限。

他富有创新精神,开创了很多业务领域,实现了公司中国区业务的多元化发展。

他言出必行,就算连续一周不睡觉,也会履行自己对同事的承诺。

他对绩效低的员工零容忍,对不能达成绩效目标的员工无论什么原因一律裁掉。

4年前,他成了该公司中国区总裁,将公司在中国区的市场份额从2%提升到了30%,使公司成为行业领头羊。

今天,他向公司提出离职,选择自己创业,并向公司承诺不带走公司的任何人。

创业家的内心独白

行业内的人都在讨论我离职的原因。有人说我太苛刻，在公司里树敌无数，混不下去了才离开的。其实我只是对低绩效的员工无法容忍，对高绩效、上进的员工给予了破格提拔和任用。我离职后，很多优秀员工也要离职跟着我一起创业。有人说肯定是我嫌赚得少了，想用离职给自己争取更多利益。他们错了，我是非常坚定地选择创业，之前就有过创业的想法，现在时机成熟了，我就开始行动了。

其实，在外资公司当职业经理人并不是我的理想。我的理想是成立中国人的公司，创立中国人自己的品牌，将新技术、新理念、新产品带到全球。

性格特点详解

创业家在尽责性、外向性、进取性上处于高分区间，在宜人性上处于低分区间，他们的性格的主要特点是：

- 相当自信，有独立见解，显得鹤立鸡群。
- 不太体恤别人，只在可接受的范围内理解他人。
- 热情洋溢，追求新事物时会略显激进。

在众多性格画像中，创业家是一个带有传奇色彩的画像，他们在人群中非常容易脱颖而出。他们充满自信，有自己独立的见解，并且能够坚持，擅长"为自己代言"。

创业家对自己的道路非常清晰，什么是该走的方向，什么是该用的方法，都能够了然于心，但他们较少体恤、关心他

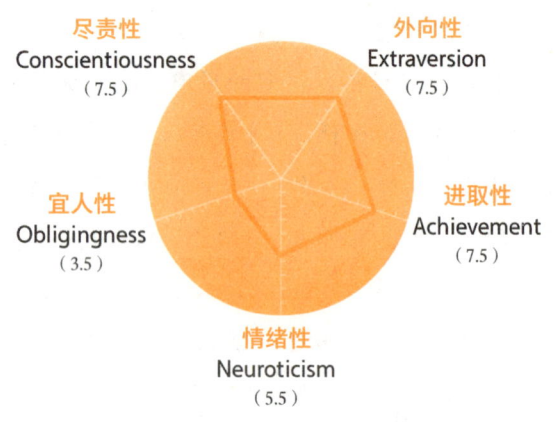

尽责性 Conscientiousness（7.5）
外向性 Extraversion（7.5）
宜人性 Obligingness（3.5）
进取性 Achievement（7.5）
情绪性 Neuroticism（5.5）

图3.11.1　创业家的得分情况

人，因此不会在人与事中产生过多的纠结。

创业家对人是"两极分化"的，他们能够快速判断出对方是否够"重要"，对待重要的人是一套做法，对待不重要的人是另一套做法。他们能够维系重要的人际关系，对于不重要的人际关系则不会花费太多的心思，甚至会很怠慢。

思维方式

创业家能够统领大局，善于制定明确的整体目标，会全面评估所有的备选方案，并快速地决定最佳前进方向。他们总是很有激情地实施计划，为了完成目标而详细筹划，因此根本没有心情去理会其他人的需求。

创业家最大的风险在于，对自己前进的方向总是过于自信，可能会因为自己强烈的信念而把他人引导到错误的方向上。

成功者有可能是偏执狂，偏执狂却不一定是成功者，创业家偏执的一面有可能会导致整个团队全军覆没。

沟通风格

创业家对组织运作很敏感，他们很有权威，也很有影响力，有本事说服和激发关键人物，他们深谙信息即权力的道理，懂得如何有效地运用信息。

在沟通中，创业家总能占据支配地位，引导整个话题朝着他们想要的方向前进。因此，创业家对别人的愿望和需求不敏感也就不足为奇了。

工作中的他

作为团队的领导，创业家擅长塑造并传达清晰、可让人聚焦的愿景。他们的演讲十分有感召力，通常能够让人感到激情澎湃、深受启发，甚至愿意追随他们。在对下属的管理中，他们让下属参与制定明确的目标，鼓励下属挑战自己的能力极限，密切地跟进业务进程，并且对工作绩效提供实时的反馈，但如果下属工作没有做好有可能会批评得不留情面。创业家会旗帜鲜明地支持那些已经取得成绩的下属，至于那些还没有取得成绩的下属，他们也能表示理解，但前提是下属的确专注在自己的工作上，并且已经拼尽全力。

作为团队的成员，创业家会仔细地研究各种资料并提炼出有战略性的观点，能够促使团队聚焦在目标上，并且能够采取有效的手段激发团队成员完成目标。在公司里,创业家也可以表现得平易近人,但只限于公事方面,他们通常零容忍"不够努力"的人。这类人的驱动力非常简单,那就是让他们"创业"——全面负责一项从头开始的业务,有机会领导一群实干的人才,并能够从自己的努力中得到足够的物质回报。

工作环境偏好

对于创业家来说,没有什么比利用自己的权威影响他人更让他们感到兴奋和激动了。创业家很在意自己的价值,在辛勤付出的同时,期待着个人成就与物质回报。为此,可以为创业家提供一个结构清晰的组织架构,明确晋升的要求和路径,让他们可以实现自我挑战,并对他们的努力提供实质性的回报和一个有声誉的职位。

创业家并非万能的,在某些情况下,他们也会变得沮丧而无法发挥应有的能力,比如,强硬的他们需要花很多时间在处理复杂的人事问题上。此外,在与人合作方面,如果要求创业家"单打独斗",没有团队支撑,或者有团队合作却要求与别人分担责任,他们也会提不起兴趣。在具体的工作内容方面,工作太容易,要完成高度专业化的技术工作,要完成长期的、细节性的项目,天天做同样的工作,都会让他们感到厌倦。

> **管理建议**

如果你是创业家的领导，你需要谨记他们具有很强的感召力，你必须兴致勃勃地向他们提出愿景，愿景越振奋人心越好。在提出愿景时，不必拐弯抹角，也不要介意他们打岔，鼓励他们对你的提议进行挑战和评价，最好让他们感觉你的提议与他们自己的想法是相吻合的。在阐述愿景的过程中，你要向他们举出实例，既要强调愿景的挑战性和风险，也要强调他们对愿景实现所能做出的贡献。

与他们讨论的目标必须是有难度的、具有挑战性的、成绩可衡量的，但要把细节留给他们自己思考。讨论目标实现时，你要肯定他们对质量的重视，以及确保质量达到高水准的能力。

创业家不能容忍那些在他们看来不够努力、不够拼命的人，他们不会处理敏感关系，因此，在必要的情况下，你要帮助他们改进。改进方法是在树立目标时，设立数项以人为本的目标，让他们学习如何管理下属。一开始，创业家可能会对此举感到抗拒，所以你需要向他们解释为什么要设立这些目标。

创业家期望并且会尊敬一个务实、严格的上司，但厌恶和拒绝被人紧密管理。放手让他们去尝试，同时你的大门要敞开，让他们可以向你咨询。有一点你要记住，他们有可能会因为切身利益影响到自己的判断力。

创业家通常是高绩效者，会努力地在自己的领域内有所建树。所以，当你向创业家反馈绩效时，要称赞他们的个人成就，要明确指出他们的成就将如何有助于其事业前程以及将会得到物质上的回报。面对要强的创业家，在反馈绩效时，要避免直接批评，在指出他们失误的地方或弱点时，一定要有事实根据和细节。你可以预想创业家会为自己的行为抗辩和找理由，他们的论点会非常有逻辑性和合理性，对于这一点，你也应该准备为自己行为的逻辑性和合理性进行辩解。

创业家希望在事业发展中有良好的个人表现，取得认同和地位，同时希望所做的努力获得物质性的回报，你可以制造机会让他们迎接新情况带来的挑战，获得新知识和新经验。

第十二节
谨小慎微的传统者

传统者小故事

战略转型大会上,公司高层管理者们就公司未来三年的发展战略进行研讨,大家都积极参与其中,对转型后的发展前景非常看好。老传在会议开始时就表达了自己的想法,随着会议的深入,越来越多的话题被涉及,他便不再参与讨论,而是认真听取他人的观点,并在脑海中对这些观点的可行性进行分析。当大家就某个问题争论不休时,老传会站出来梳理各方观点,顺便表达一下自己的立场,使大家消除分歧、达成一致。当大家开始讨论下一个话题后,他又安静下来,默默坐着,陷入思考。

传统者的内心独白

今天的战略研讨会,我已经明确表达了自己的想法,我的任务完成了。虽然在会议过程中大家对公司发展前景讨论得很激烈,但是我觉得现在讨论那些还太早,很多东西没有实际做过,很多条件都不成熟,讨论再多也是纸上谈兵。今天的战略研讨会上,大家几次陷入争论,对于讨论来说,有争论是好事,但关键是在争论之后大家要统一认识。我在大家争论的时候站出来引导大家达成了共识,我对自己的表现还是挺满意的。

性格特点详解

传统者在宜人性、尽责性、进取性上处于高分区间,在外向性上处于低分区间,他们的性格的主要特点是:

- 小心谨慎,坚守原则,容不得一丝马虎。
- 慢热,需要经过一段时间的"热身"才能被了解。
- 行事保守,不会轻易尝试新事物和改变旧有观念。

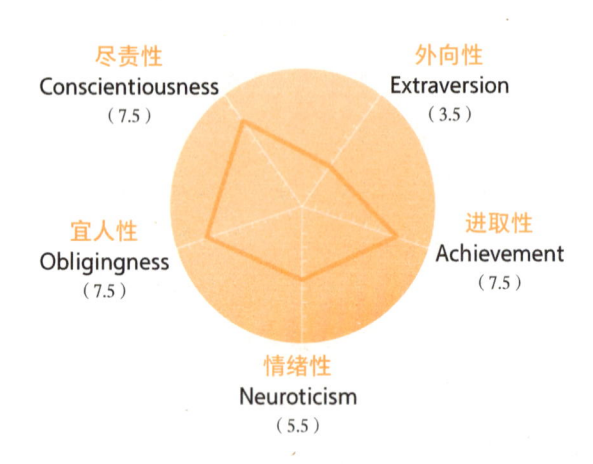

尽责性 Conscientiousness (7.5)

外向性 Extraversion (3.5)

宜人性 Obligingness (7.5)

进取性 Achievement (7.5)

情绪性 Neuroticism (5.5)

图3.12.1 传统者的得分情况

传统者在17个性格画像中是保守的代表,他们一般小心谨慎,注重个人隐私,喜欢与人保持一定的距离,他人需要经过一段时间的接触才能真正了解他们。遇到新事物或挑战时，传统者更倾向于采纳保守的办法，不轻易做出新的尝试，想让他们冒险是非常困难的。

传统者会关心他人，给那些行为端正、有成果产出的人提供支持，但他们不会把时间浪费在应酬上，也无法容忍别人怪异的行为和想法，对待原则性问题更不会妥协、退让。

思维方式

传统者对待每件事都比较慎重，会在深入研究并详细分析利弊后再做决定。这个决定会带着传统者个人价值观的烙印，他们一旦下定决心就很难被动摇。传统者做事喜欢未雨绸缪，做任何事之前都会制订详细的计划和紧急预案，以求万无一失。

传统者过于谨慎、不轻易冒险的特点，使得他们喜欢根据过往的惯例和经验来思考，容易踟蹰太久才开始行动，墨守成规，没有弹性。

沟通风格

传统者在特定的问题上能提出清晰的、经过深思熟虑的、有价值的意见。一方面，传统者有获取胜利的决心，为此会去说服他人接受自己的想法，并且衷心地维护团队的利益；另一方面，传统者会因为过于保守而拒绝激进的理念，对别人提出的不同意见也不予理会，一味坚守在自己的领域和观念里。

工作中的他

作为团队的领导,传统者秉持较高的道德准则,严于律己但并不宽以待人,他们要求别人接受并达到自己的标准。传统者会为每个团队成员制定清晰的工作目标,要求团队成员详细报告工作情况。如果没有达到预期目标,传统者批评起人来毫不客气,他们倾向于提拔那些肯听话且有良好工作业绩的下属,这一点和创业家有几分相似。

作为团队的成员,传统者喜欢指挥和控制团队,在委派他人做事时,只委派任务,不委派责任。他们从心底里是关心团队内其他成员的,但有时会显得苛刻、不易妥协。与传统者合作永远不用担心他们会让你陷入有风险的境地,因为他们做事考虑周详,并且有非常清晰的理念。

工作环境偏好

对于传统者来说,他们期望创造一个更好的社会,也希望参与企业价值观的缔造,愿意实施一项长远计划,或者制定标准并影响他人。所以,如果他们从事的工作对他人和社会有价值,有机会发展一个专业领域、开创新理念,那么会明显激发他们的工作兴趣。传统者适合在结构化的、友爱互助的环境里做事,工作有一定的独立性、挑战性,并且在工作中能够受人尊重。

反之,如果让传统者不断地去认识新人物、不断地适应变革，或者在一个职责和责任由众人共同承担、被管理层紧密控制、采取任何行动都须经过讨论和审批的环境里做事，那么他们会觉得工作索然无味，从而意志消沉。

管理建议

作为传统者的领导，你要谨记他们是愿意参与价值观缔造的人。如果你需要向他们提出愿景，首先，要提前做好充分的准备；其次，要确保愿景是有逻辑的、诚恳的、明确的；再次，要强调愿景能创造一个更好的、更有效的、更有道德责任感和爱心的组织，以及愿景的实现离不开他们的努力；最后，要清楚地表示你会珍惜他们提出的任何建议，也会投入更多的人力和资源将他们的建议制订成明确的、具体的计划。

在日常工作时，你制定的工作目标要有挑战性，但要避免超出传统者的能力范围。要注意让传统者感受到你对他们能力的信任，允许他们自行制定短期目标、自由选择问题的解决方法。当你给传统者委派新的、他们不熟悉情况的任务时，应提供详尽的指导。建议你采用比较正式的方式对他们的工作进行监督，但不要过多干涉，因为传统者会按照规矩、高水准地完成任务。

为了让传统者全身心地投入工作，你可以给他们提供适当的反馈和激励，可以对他们做得好的地方给予表扬，让他们清楚自己的工作哪里做得好，也要赞许他们对团队的忠心和投入。不要轻易批评他们，尤其不要让他们觉得自己当众出丑，因为他们自我要求严格，一般不允许自己犯错。

  当传统者进行职业生涯规划时，你最好考虑到他们除非有充足的准备否则不肯接受新挑战的特点，尽量让他们在一个安全、不受批评、适合自己节奏的环境里做尝试。也可以让他们和活泼、开朗、能尊重他人隐私和贡献的人一起共事，以便让他们在处理不明朗情况和变革时不会感到不自在。

第三章　性格画像大揭秘

第十三节
良师益友的开发者

开发者小故事

阿发是某公司市场部经理，管理着一个10人的团队，他对市场有着敏锐的嗅觉，非常关注上下游行业的发展趋势，管理的团队气氛非常融洽，每个人都能在团队中各尽其能。最近，公司在市场宣传板块表现不佳，几次重要的市场宣传时机都比竞争对手慢了半拍，导致团队士气低落。团队成员小王最近还犯了一个错，发给合作方的材料是错误的，总经理还专门过问了这件事情。为了解决团队的状态问题，阿发专门召开了一次会议，让团队的每个人逐一发言，一起分析原因和制定解决方案。此外，阿发还专门组织了一次部门团建，借此提升团队士气，希望大家能在工作中表现得更好，并尽快做出成绩。

开发者的内心独白

我觉得一个团队的士气是最重要的，如果士气没了，大家的心也就散了，更别提做出好的成绩了。这段时间大家的状态都挺差的，我必须把团队的士气激发出来，大家一起看看怎么解决问题。小王已经犯错了，就不要再去责备他了，他肯定也不好受，得好好想想怎么向总经理解释。另外，部门的小张好像最近家里出了事，我要多关心一下他，有时间找他聊一聊，看看有哪些地方我帮得上忙。

性格特点详解

开发者在宜人性、外向性、尽责性上处于高分区间，在进取性上处于低分区间，他们的性格的主要特点是：

- 对事物有着较高的要求，责任感很强。
- 关心别人，帮助别人，愿意站出来维护他人利益。
- 可能揽下太多任务，承担过多的风险。

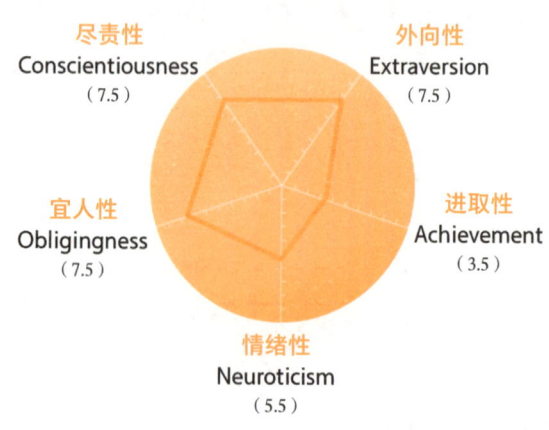

尽责性
Conscientiousness
（7.5）

外向性
Extraversion
（7.5）

宜人性
Obligingness
（7.5）

进取性
Achievement
（3.5）

情绪性
Neuroticism
（5.5）

图3.13.1　开发者的得分情况

开发者顾名思义是指愿意帮助他人开发自己的才能，也能参与塑造团队文化，把团队的士气保持在较高水平的人。开发者充满热情、富有同情心，容易让人产生好感，他们理解并同情他人，在别人需要帮助的时候会主动伸出援助之手，让他人倍感温暖。

开发者有很强的"护犊子"心态，会非常坚定地保护和捍卫自己的团队成员，再加上他们拥有较强的道德观念和责任感，在关键场合会站出来为他人说话、维护他人。对于开发者自身而言，可能会因为太多考虑和顾及他人的想法和感受，而让自己承担太多的事务。

思维方式

开发者会耐心地听取每个人的意见，综合各种信息小心谨慎地进行研究，分析各种备选解决方案的利弊得失和可能发生的风险，力争选择一个最优方案并把风险降到最低。开发者喜欢通过团队讨论的方式共同决定方案，而不愿独自决策，究其原因可能是害怕一个人承担风险。但是，一旦做出决定，开发者就会很快地付诸行动。有时他们容易拘泥于各种细枝末节，而错过或忽略真正重要的事情。

沟通风格

开发者很少会鲜明地表达自己的观点，他们希望任何决定都是和大家讨论后确定的。在讨论的过程中，开发者会非常关注他人的感受，确保每个人都能参与到讨论中且不会被忽略。即使是比较激烈的争论，开发者也总能保持积极的态度和亲和的笑容，并尝试从每个人的观点中求同存异、寻找共识。

工作中的他

作为团队的领导，开发者会很有兴致地制定并传达团队目标，倾听他人的想法，鼓励讨论，并认真监督任务进展，使计划得到落实。开发者能对业绩提供及时的、有建设性的反馈。他们在乎下属的感受，在工作中尽量提携下属，甚至把下属的晋升看得比自己的晋升更重要，不过他们有时会要求别人和他们一样有较高的道德标准。

作为团队的成员，开发者是充满动力的"打气筒"，擅长鼓励他人把工作做好，他们总是积极地投身到工作中，促进团队和谐关系的构建。需要注意的是，尽管开发者的出发点是为他人着想，但可能会过分干涉他人事务。

开发者与辅导教练及引导者的相似之处在于，他们都喜欢帮助别人发展才能；不同之处在于，开发者会勇敢地承担起带领别人的责任，他们乐于参与塑造团队文化，把团队士气保持在较高的水平。

工作环境偏好

对于开发者而言，他们希望在工作中能帮助别人发展才能，能担负起带领别人的责任。开发者喜欢开放、和谐的团队氛围，乐于参与到团队文化的塑造中。如果开发者从事的工作能认识更多人，并且有机会帮助或发展他人，对社会有所贡献，让自己受人尊重并有一定的社会地位，那么这份工作更能激发和保持他们的兴趣。

如果让开发者独自干活儿，或要求他们快速地做出单方面的决定，而又缺乏指导方针或工作流程不清楚，那么这份工作就会使他们意志消沉。在有挑战性的环境和自私自利的组织文化中，开发者也会感到非常沮丧，毫无工作动力。

管理建议

为了有效管理开发者，你要根据其开放、包容的性格，基于可靠的信息和数据提出有逻辑性的清晰愿景。这个愿景一方面要符合公司的价值观和形象，另一方面要能够激励大家成长、提高士气和凝聚力。同时，还可以邀请开发者对愿景做进一步的思考，并允许他们提出个人意见。

在日常工作中，你大可放手让开发者去做事，不必紧盯着他们，只需让他们向你汇报工作进展即可。一方面，你要随时注意他们的工作量是否超负荷；另一方面，你要在他们提出请求后才提供必要的意见和协助。

如果需要对不可预见的变动做出调整，你要向开发者解释原因，并给予他们足够的时间去调整计划。开发者希望在一个能相互支持的环境里工作，所以要允许他们掌握所有资料、有充分的时间做思考研究，并在不受他人挑战的情况下提出意见。

如果要给开发者提供反馈，你可以称赞他们的忠心、努力、投入和团队精神，表示自己很敬佩或器重他们对团队的贡献。尽量少批评开发者，即便你要批评他们也只需围绕太容易妥协、过度干涉他人这两个方面展开，并且只对事而不对人。

你可以创造机会让开发者管理或组建一个团队，让他们担当需要指导和开发他人能力的要职，让他们成为培训员、辅导教练或导师，让他们实现帮助和配合他人的愿望，并让他们充分发挥对团队工作和合作项目的热忱，以此来激励他们发展其职业生涯。

第十四节 专注的建筑师

建筑师小故事

阿建是中国某一流大学的研究生,学校要求研究生毕业前必须在核心期刊上发表论文。研一选题时,阿建不顾老师反对选择了一个很冷门的领域,因为他坚信自己可以在这个领域做出成绩。研二结束,其他的同学都发表文章了,只有阿建的投稿屡屡被退回,同学们都嘲笑他不知天高地厚,选择这么艰深的领域。但是他从未放弃,继续研究,继续投稿,在研三即将结束时,他的论文终于在美国最权威的行业期刊上发表,一时轰动全校。不久后,阿建的老师邀请他在学校大礼堂做公开演讲,这是他第一次站在这么多人面前。

建筑师的内心独白

当初之所以选择这个领域,是因为我相信自己能做出成绩,在外人看来,我受到了很大的压力:来自老师的反对、同学的嘲笑,其实这些我都不是很关注。我的内心深处有一个声音不停地告诉我,继续研究下去,一定能成功。不过,我差一点儿就不能毕业了，自己的时间安排是个大问题，前期花在研究和思考上的时间太多，导致最后写文章的时间有些紧张，又没有注意语言的组织，结果文章被退回了几次，幸好最后赶在毕业前发表了，看来吉人自有天相。

性格特点详解

建筑师在进取性上处于高分区间，在宜人性、尽责性和外向性上处于低分区间，他们的性格的主要特点是：

- 鹤立鸡群，但是不喜欢帮助他人。
- 关注目标，追求个人实现，但有时会"踩着别人上位"。
- 喜欢承担责任，但容易过分利用权力。

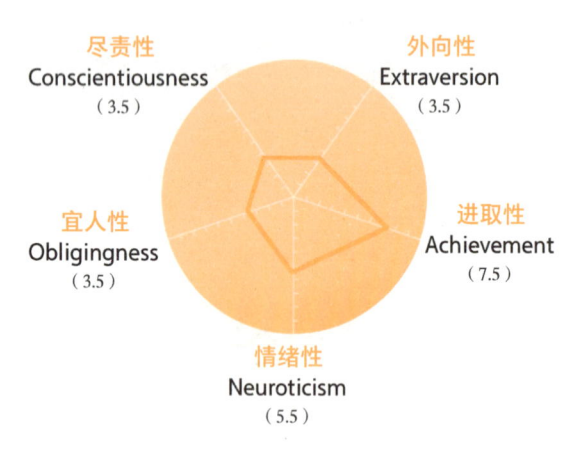

尽责性 Conscientiousness（3.5）

外向性 Extraversion（3.5）

宜人性 Obligingness（3.5）

进取性 Achievement（7.5）

情绪性 Neuroticism（5.5）

图3.14.1　建筑师的得分情况

此建筑师非彼建筑师，并不是说拥有建筑师画像的人更适合从事建筑类相关的工作，而是他们更容易成为行业中的骨干，就像建筑师在建筑行业中的作用。

对于建筑师来说，他们不能忍受没有明确目标的工作，他们有强烈的目标意识，无论什么时候，都能高度专注。建筑师在团队中一般都非常主动，你可以放心地把工作交给他们。建筑师了解自己想要什么，会把自己的需求放在首位，却不关心他人的想法。同时，他们无法理解为了帮助别人而损害自己利益的做法。所以，这种性格画像的人往往以自我为中心。

思维方式

建筑师善于分析和总结问题，并提出一些强有力的观点和理念，一旦需要，即使条件不太充分，他们也敢于快速做出决定。不过，建筑师有时缺乏耐心，容易把事情看得过于简单。

在建立目标和推动目标实现的过程中，建筑师能够全力聚焦自己的愿景，牢牢把握大方向。他们愿意把一件事从头做到尾，但也喜欢自己一个人做决策，容易忽略他人的存在。当情况发生变化时，建筑师可能不会通知任何人，而且他们喜欢为了方便自己而修改规章制度。

沟通风格

在与人沟通的过程中，建筑师一般会表现得比较有风度，他们喜欢用自己的专业和沉稳来获得大家的信服。不过，建筑师不太喜欢被质疑，如果没有极具说服力的证据，很难让他们改变自己的想法，在捍卫自己的理念时他们可能会稍显刻薄。

一旦开始讨论，建筑师会先明确议题，并下客观的定义。建筑师很少受到规则的束缚，能经常提出一些富有创造力的想法，但他们的视野一般都比较窄，往往对目标以外的议题不感兴趣。当讨论进程变得拖沓时，建筑师喜欢推动大家快速做出决策。

工作中的他

作为团队的领导，建筑师的方向感很强，清楚地知道团队前进的方向，其下属能够从他们那里获得明确的目标。建筑师认为，每个人都应该进行自我激励，他们不喜欢严格地管理下属，允许每个人寻找自己的方向。建筑师不能接受任务没有完成的情况，在他们心中，一旦目标确定下来，每个人都有责任完成任务。建筑师具有很强的支配意识，有时他们有过分使用权力的倾向。建筑师在团队管理中并不太关心他人的需求和感受，作为他们的下属需要有很强的心理承受能力，特别是在讨论问题的时候，这种性格画像的领导不懂得拐弯抹角，其下属也很难得到他们的指导。

作为团队的成员，建筑师不太关心团队的目标是什么，他们清楚地知道自己的前进方向，并率先走出自己的道路。建筑师对绩效的要求很高，并且非常希望获得成功，因此，他们希望自己的绩效可以超过其他人。有时，与这种性格画像的人交往，你会感觉他们太过于我行我素，并且容易陷入自我陶醉中。

工作环境偏好

在工作中，建筑师希望自己的工作能够得到实质性的回报，他们看重个人的利益得失，所以需要避免让他们感觉到自己的付出和回报不成正比。另外，在制定奖赏措施时不要只针对团队，如果让建筑师认为自己和团队里的所有人一样，那么这份奖赏对他们来说就没有什么激励作用。

如果要求建筑师和团队紧密配合、共同承担责任，则会削弱他们对工作的投入程度，因为他们喜欢被重视，希望自己拿主意。建筑师的自驱力非常强，他们喜欢自己控制事情的节奏，并能够影响团队和团队中的其他人。如果他们看不到晋升的希望，很容易就会失去工作热情。

相对来说，建筑师不太喜欢人多的地方，他们需要一定的个人空间，在工作时不会受到领导过多的干涉。他们喜欢待在一个稳定的环境中，如果工作中需要他们不断去认识新的人，这会让他们感觉无法胜任自己的岗位。

为了激发建筑师的工作热情，可以让他们在某一方面持续发展，让他们有机会成为这个领域的专家。建筑师身上有些"艺术家"的特质，他们喜欢有创意的东西，偏好有挑战性的工作，因此，要避免让他们从事一些常规性工作，并用严格的纪律规范来要求他们，这会让他们感觉到被束缚。

管理建议

建筑师一般都有比较强的领导欲、权力欲和希望受到表扬这三种心理，喜欢承担责任、获得地位和受到肯定。作为建筑师的领导，你要认识到他们比较有个性，所以更加需要引导他们，而不是改变他们。

你可以多称赞建筑师的判断力、果断性、决心和干劲，肯定他们脚踏实地、效率高的优点，让他们认为你非常了解他们。每当建筑师获得成功时，你要直接对其进行称赞。如果有必要对建筑师进行批评，你要避免当着别人的面批评他们，因为他们会感觉下不了台而急于为自己辩解。在批评时，你要用数据和事实说话，措辞要得体，同时必须立场鲜明和坚定，不然建筑师很难接受。

在塑造愿景的时候，建筑师很难一下子接受一个新理念，你可以在提出新理念之前先和他们打个招呼，一点儿一点儿向他们灌输这些理念——"先播下种子"，然后慢慢"等待它们发芽"。当他们接受你提出的愿景后，你可以指出工作上的大方向，然后表明你很重视他们的意见和协助，让他们自己思考问题的解决方案后再向你汇报。在传达愿景的过程中，你要提醒建筑师多聆听，不要急于发表自己的观点。

建筑师喜欢提出一些独到的想法和创造新颖的东西，你要认可他们这种精神。在适当的时候，让他们多参与到一些需要解决的严峻问题中去,给他们提供一些可靠的建议和资源,这会极大地激发他们的热情。另外,你可以采取比较委婉的方式,告诉他们向别人咨询的重要性,提醒他们关注他人的感受,确保他们在工作时不会把自己的想法强加给别人。

在建筑师完成绩效时,你要给他们一定的自主空间,让他们能够按照自己的想法办事并及时向你汇报进度。建议你只在迫不得已的情形下才行使自己的权力,不要让他们觉得你是在用自己的权力强迫他们。建筑师不喜欢承认自己的失败和无知,有时他们会把绩效没有达标的责任推到别人身上,这时你要很坚定、直接地指出来并清楚地罗列出原因。当建筑师不认同你的观点时,不要急着与他们争辩,先找出你们之间的共识,再把共识扩大。当他们接受了以后,才有可能做出改变。

建筑师希望自己所在的公司能获得成功,或者自己拥有晋升的机会,关于这两点,你需要清楚地做出回应。在考虑建筑师职业生涯的下一步时,你要考虑到各项不同的工作会如何提升他们在公司中的声望,以及他们在不同的职位上获得晋升的可能,多听取他们的意见,让他们自己决定以后怎么做。

第十五节 好奇的探索者

探索者小故事

阿探是一名画家,他热爱生活,对世间万物都充满了好奇,他希望用生命中的每一刻去发现宇宙中的新鲜事物。阿探的生活并不富裕,在走投无路时,他也曾想过用创作的画来赚取生活费,但每次都不能赶在用完最后一元钱之前将画完成。阿探从来不走同样的路,他希望在环游世界的旅程中结识不同的人,也许会和一位姑娘一见钟情,但是他不会就此安定下来。

好了,这是一个探索者的白日梦。阿探其实是一家贸易公司的文员,刚才被老板骂了,因为他不小心将报表中的数据弄错了,老板对他非常失望,将他骂得狗血淋头,但是他丝毫不为自己辩解,表现得满不在乎。老板走后,阿探马上将刚才的事抛之脑后,找自己旁边的同事聊起了自己白日梦中的生活。

探索者的内心独白

文员的工作根本不适合我,天天做着重复性的工作,我早就腻了。我希望我的工作每天都是全新的，可以和不同的人打交道，做不同性质的工作，去很多地方出差。哎，我是不是该重新规划一下自己的职业生涯了？还是算了吧，走一步算一步吧。

性格特点详解

探索者在外向性上处于高分区间，在宜人性、尽责性和进取性上处于低分区间，他们的性格的主要特点是：

- 交际能力突出，天生外向，但容易显得散漫。
- 能够促进团队良好运作，喜欢新颖的事物。
- 追求刺激，但不够沉稳。

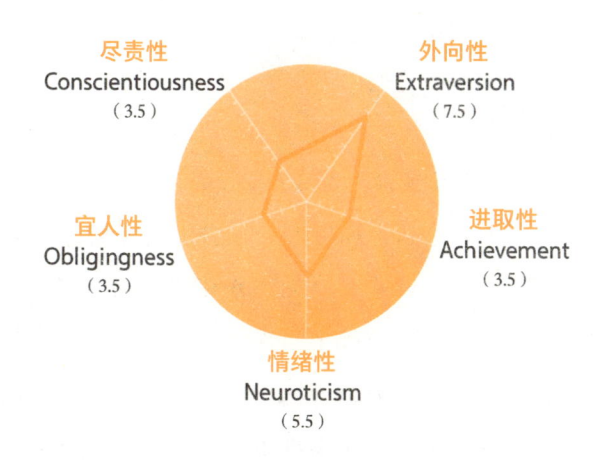

尽责性 Conscientiousness（3.5）
外向性 Extraversion（7.5）
宜人性 Obligingness（3.5）
进取性 Achievement（3.5）
情绪性 Neuroticism（5.5）

图3.15.1 探索者的得分情况

在工作环境中的探索者主要有以下两个特点：一是随和、善于交际；二是有想象力，观点新潮。他们善于与人打交道，能够迅速与他人建立良好的关系。他们涉猎广泛，对外界充满期待，渴望见识新世界，对新观念很感兴趣。对于探索者来说，长期待在一个没有变化的环境里，是无法忍受的，他们热烈地拥抱变革和突破，对别人提出的建议会做出积极反应，并愿意采纳和实行新理念。

探索者对待新任务非常有精力、有热情，并且善于在同一时间内处理多项任务，但在处理问题时缺乏持久性和耐力。因为探索者的关注点太多并且不聚焦，所以很容易把注意力从眼前的任务中分散出去，难以把一件事从头做到尾，容易在追求创新的路上被新理念引到岔路上去。探索者不容易被规则束缚，有一颗蠢蠢欲动的心，但有时会显得毫无章法、过于散漫。

思维方式

在分析和解决问题时，探索者喜欢咨询不同的人后再做出决定，他们不太喜欢自己研究问题，独立思考解决问题的方案，而是鼓励他人为其贡献意见，并在此基础上整理出一个大方向上的思路。一般情况下，探索者的方案看起来能"集大家之所长"，但整个方案中缺少自己的思考，一旦被别人质疑，他们就很难讲出个中道理来。在那些善于解决问题的专家眼中，探索者的方案总是过于简单，容易忽略事情的复杂性。

探索者喜欢追求看起来高大上的事物，在他们眼中，新系统和新技术比旧系统、旧技术好得多。如果团队需要开展一个新的项目，探索者会非常感兴趣，并且会积极参与项目的前期筹划工作，主动争取相关资源来推动项目进行，但是他们永远只能保持三分钟的热度，很快就会感到厌倦。

沟通风格

探索者在人际交往方面有天生的优势，他们不害怕与陌生人沟通，无论是在正式场合还是在非正式场合，都能与人愉快地交谈，而且他们喜欢并鼓励大家参与讨论和辩论。探索者喜欢主动联络朋友，说的话也让人感到非常有趣，大家都愿意跟他沟通，这使得他们在做"第一线"工作时非常有优势。

由于探索者的目标导向意识较差，有时他们说的话会显得比较随便，虽然讲得多，但是真正有意义的内容却很少，而且内容可能会前后不一致。当探索者在这方面遭到别人的质疑时，他们容易自乱阵脚，顾左右而言他。探索者在处理人际关系时不够敏感，常因说话不经思考而得罪人。

工作中的他

作为团队的领导，探索者容易与人拉近距离，非常善于创造能够激发大家工作热情的环境。他们具备开发他人潜能的能力，鼓励每个人说出自己的看法并就此进行讨论，从而不断超越自己。他们还具备管理创新的能力，能够包容各种不同的想法，处理超前的观点。探索者喜欢给团队成员"画饼"，呈现一个美妙的愿景来吸引对方，在谈起未来时显得兴致勃勃。但是，探索者做事不一定会循规蹈矩地遵照事先制定的目标，而是喜欢避重就轻，也容易忽视比较沉默寡言的团队成员，喜欢在激起别人斗志后任其发展，无法实现长远的人力资源开发。

作为团队的成员，探索者非常重视在工作中建立自己的人脉关系，喜欢参加各种团队活动。他们能够发现工作的乐趣，不仅能够提供创新性想法，还喜欢鼓励他人发言，为团队注入新鲜血液。他们有一颗谦逊的心，随时欢迎别人提出建议，并积极做出改变。他们喜欢拉着其他人一起做事，并鼓励大家分担责任或采取团队负责的制度，但是，他们有时会显得浮躁而随意，无法持续地聚焦在一件事情上，喜欢灵活地改变决定，即便是那些会议商讨好的决定，当他们觉得不太合适时也会快速地予以否定。一有风吹草动，他们的注意力马上就会被吸引过去，并且可能干扰到其他团队成员的工作。

工作环境偏好

探索者喜欢和大家一起工作，完成需要与团队紧密配合的任务。在工作中能够认识很多人对探索者来说是非常有吸引力的。

探索者不喜欢待在刻板、正式的组织里，他们喜欢轻松自在的工作环境，可以自由发挥自己的创造力和独特的工作才能，比较反感被严密地管束。

一些偏概念性的工作更适合探索者，而那些对细节和精确度要求高、需要费时费力解决的工作会让他们觉得备受折磨。

探索者希望得到的回报是根据他的工作情况给予他们个人的，如果个人得不到回报，他们很可能会失去工作热情。另外，那些回报最好是实质性的。

管理建议

在管理探索者这类人时，要认识到他们是非常外向的一群人，喜欢与大家进行讨论后达成共识，这使得他们善于协调团队的运作，如同润滑剂一般。

当你向探索者传达愿景时，要营造一个愉快、友好的氛围，并且要显得非常热情，表示你很重视他们的支持。探索者对变革有着开放的心态，你可以多使用一些有关变革、机遇的字眼，并迎合他们关心公司和团队的心理，强调愿景对社会、团体和个人的好处。

当你想要为探索者树立目标时，你应该把你的期待清楚地向他们表述，让他们了解自己要达到怎样的标准，但是关于如何实现这些目标，则可以不用面面俱到，给他们一些自由发挥的空间会更好。不过，你要认识到探索者的计划性不是很强，他们喜欢只把事情思考一半就蛮干一番，以为剩下的一半可以到时再做打算。必要时，你要先看到他们详细、可行的计划方案再让他们放手去干。

**探索者容易因精力分散而误事，所以你要帮助他们集中精神，并在问题的细节处理上多花些工夫。为确保探索者能够达到你的绩效要求，你可以通过例会的方式来确保优先项目持续受到重视，并且每个项目能够如期完成。当出现问题时，你不能让探索者以轻松的态度把事情搪塞过去，而是要严肃地要求他们立即从错误的方向掉头。

　　在激励探索者方面，你可以让他们参加一些有竞争性和刺激性的任务，并让其担任有一定社会地位的核心角色。探索者具有极强的创新能力和丰富的想象力，能清楚地意识到所属行业的发展走向，如果团队正处于转型期，你可以多询问他们的看法。

　　当你需要对探索者的表现进行反馈的时候，你应该公开、直接、热情地表扬他们，让他们知道在别人眼里他们有着怎样的地位和声誉。另外，你可以对探索者的适应能力和创新能力多加赞赏。当你需要批评探索者时，尽可能坦诚、直接但友善地提出批评，并且一定要立即进行，不然他们会以为事情已经过去了很久，与现在的表现无关而拒绝接受。

　　关于开发探索者的职业生涯方面，他们喜欢变化的职业状态，认为这样才能有所进步。他们不愿意被安排走一条长远且固定的职业路线。如果有可能，可以让探索者去领导别人，尤其是扮演一个有创业能力、协调能力和说服能力的角色。

第十六节 充满爱心的支持者

支持者小故事

小艾是一个热心肠的人,每当她在路上碰到乞讨的人,就算他们可能是骗子,她也会觉得对方可怜而施舍。在小艾眼里,如果不是真的有困难,谁都不愿意牺牲自己的尊严在大街上乞讨。

最近,小艾在公司过得不太顺利,一个平时和她关系非常要好的人竟然在背后说她的坏话。小艾认为自己把对方当成知己,没想到对方竟然这样对她,不过当她重新面对这个人时,仍会笑脸相迎。刚刚领导过来批评小艾的策划方案写得很差、不实用,让她重写。小艾为了写这个策划方案,请教了很多前辈,仅整理材料就花了两天时间。小艾并没有向领导询问自己哪里写得差、哪里有问题,而是一个人默默地重新写了一份方案。

支持者的内心独白

我总觉得自己是在为别人而活,我非常在意别人是怎么看我的，有时看到别人瞟了我一眼，就感到非常紧张。经常有朋友说我太没有原则，别人说什么就是什么，但是我觉得自己这样并没有什么不好。我非常喜欢帮助别人，如果有时间，我会去做义工，希望用自己的力量帮助更多的人。

现在我的岗位是策划，我觉得这个岗位有点儿不适合自己，因为我不太善于提出建议。别人可能只需要几个小时就能想出方案，我往往没有一点儿头绪。

性格特点详解

支持者在宜人性上处于高分区间，在尽责性、外向性和进取性上均处于低分区间，他们的性格的主要特点是：

- 真心待人，保持良好的人际关系。
- 能聆听、关心别人，但是容易被人利用。
- 相信每个人都能为团队做出贡献。

尽责性 Conscientiousness (3.5)
外向性 Extraversion (3.5)
宜人性 Obligingness (7.5)
进取性 Achievement (3.5)
情绪性 Neuroticism (5.5)

图3.16.1 支持者的得分情况

支持者最大的特点就是充满爱心，他们能够包容各种类型的人，即使他们看不惯某些人，但是当这些人需要帮助时，他们也非常乐意提供帮助。支持者喜欢把别人的需求放在首位，希望让别人都满意，也很少会占别人的便宜。

支持者有时看起来有些天真，他们经常把人往好的方面想，愿意信任别人，并给予别人第二次机会，因此，他们可能会被一些现实的人利用。此外，支持者也比较被动，容易被别人指挥着做事，而且当事情完成以后，最后留下来收拾残局的人往往就是他们。

思维方式

支持者会在聆听所有人的意见后再做出决策，尽管有些想法非常奇特，他们也会认真听取。支持者做决策的时间一般比较长，因为他们会认真分析每个人意见的好坏，并尽量找到一个能从根本上解决问题的方法。在支持者的推动下，往往能找到比较好的解决问题的方法。

不过在分析问题时，由于支持者缺乏主见，使得问题被过度分析，他们需要明确自己的立场，有时也需要放手搏一下。

沟通风格

支持者是很好的聆听者，能够带动那些平时不爱说话的人参与讨论。无论何时，支持者都会耐心倾听别人的发言，不会轻易打断别人。在支持者看来，所有的意见都是好意见，每个发言的人都应该获得大家的尊重，不同的行为和想法都是可以接受的。支持者坚持以人为本的作风，因此，他们能够得到大家的信任和爱护。

支持者很少主动发言，特别是在会议中，在提出看法之前，他们会认真思考很久，并且需要经历一番挣扎才敢提出或总结和重复别人的观点。由于支持者不喜欢怀疑别人，容易被他人的意见所左右，所以他们有时会太快地放弃自己的立场。

工作中的他

作为团队的领导，支持者能够始终坚守企业的愿景，并愿意为组织无私奉献。在日常的管理中，他们善于发现别人的强项，喜欢让团队成员自由发挥，并尽己所能为每个人提供资源支持，为大家提供更好的福利。他们非常有爱心，真正关心和在乎下属的感受，在安排团队工作时，希望每一个人都能满意，不会武断地批评别人，也不会把自己的想法强加给别人。他们不会轻易委派工作给下属，尤其是那些烦琐的、不受欢迎的工作。无论谁发出求助声，支持者都会过去帮一把。支持者是"好好先生"，喜欢以人为本，而不是以工作目标为本，这可能会让人觉得他们不够有原则，在领导别人时不能为大家提供明确的指导方针，并且会回避纪律性和可能引起冲突的问题。

作为团队的成员，支持者表现得非常努力、诚恳、有职业道德，秉持"团队第一、个人第二"的理念，能支持团队目标。支持者喜欢维持团队内部的稳定与和谐，总能与他人建立良好的关系，不会轻易发怒，能够虚心地接受别人的批评，认为别人愿意给自己提出建议是为自己着想。支持者都有一种勇于牺牲的精神，这就导致他们有时会太快牺牲自己的需求。支持者更像是一个团队中的后勤人员，默默无闻地奉献，低调而不起眼，所以很有可能被一些强势的人忽视。

工作环境偏好

支持者喜欢与人相处多过与事相处，他们希望在一个非竞争性、开放和友善的环境下工作。支持者把团队价值观和目标看得很重，希望自己的工作能够对大家有益处、为组织增值，自己能够被所有的人接受，所以你需要向他们表明你认可他们的奉献精神和努力，并尽量让他们做一些可以帮助别人的工作。

支持者愿意与大家一起承担责任，但不太喜欢扮演团队领袖的角色，对他人负责会极大地增加他们的工作压力，所以你需要让支持者与一群自觉、不需要严格监督的人共事。支持者不喜欢与人起争执和发生冲突，所以你要避免让他们待在这样的环境中。

另外，支持者很有想象力，喜欢新颖、另类的工作，一些概念性、创造性的事物比较能够吸引他们，你可以多鼓励他们去创新。尽量给予支持者充足的时间去掌握复杂的问题，发展一门专长，这样他们就不必通过使劲"推销"自己的本领来获得其他人的认可和尊重了。

管理建议

支持者很有爱心，他们是团队的忠实支持者，但缺乏主见。因此在管理支持者时，你要多发挥他们对团队凝聚力建设的作用，避免让他们去做一些对抗性的工作。

在塑造愿景时，你可以运用从大方向上看待事物的方法吸引他们，虽然他们喜欢有逻辑性的观点，但是他们更关注这些观点是否存在开发别人的契机。由于支持者有非常高的助人倾向，有能力提出解决社会问题和为人类造福的方案，所以你提出的愿景最好能够发挥他们在这些方面的积极性。

在为支持者制定目标时，由于他们关注的是社会福祉方面的问题，所以你要着重强调目标与社会福祉的关系。如果有可能，可以让支持者参加多种不同类型的挑战，让他们有机会多与别人一起工作。支持者很难开口向你说"不"，凡是切实但具有挑战性的目标都应该与他们坦诚地讨论并达成一致。有时，支持者会把事情想得过于复杂，你要提前向他们说明要做的事情的真正含义和可能产生的后果。支持者喜欢帮助别人，但是在自己有需要时却不敢向别人开口，你要告诉他们在哪些方面你可以提供协助，并且一旦他们发出求救信号，你就要及时给予支持。

在监督支持者完成绩效的过程中，你要知道他们具有强烈渴望帮助别人的意愿，这意味着你不必进行太多的例行性监督。你可以与支持者定期召开会议，以确定优先事项如期开展、任务可以如期完成。为了更好地激励支持者，你需要了解他们乐观、积极、有求必应的性格，制造机会让他们可以提出观点以及参与讨论。一般情况下，你不需要批评支持者，因为他们一直在尝试把事情做到最好，但是你的批评他们也会虚心接受。在批评他们时，不要采取裁判性的做法，即不把事情简单地裁判成对或错，要向他们解释为什么你认为他们的行为是错误的，并协助他们找到可行的解决方案。

在为支持者设计职业生涯时，你可以让他们先承担顾问工作，或者做需要有妥协能力的工作。你需要制造一些机会让支持者可以培养下属，以及在工作中能够采取辅导和教练的方式指导别人。支持者需要觉得自己的工作有价值，能真正为别人带来益处。你也要认识到支持者有以下两个方面的问题需要改进：一是同时对太多人做出协助的承诺；二是逃避处理人事冲突。

第十七节 沉稳的控制者

控制者小故事

老管是某外资企业研发部的资深专家,在他的带领下,公司研发出不少深受客户好评的产品。老管喜欢做计划,并将所有的任务安排都制作成表格,每天监督工作完成情况。老管特别喜欢钻研,有时为了解决某个技术难题,他能够一两天不睡觉。老管在工作中不会忽略任何一个细节,因为他认为99%的成功就等于0%的成功。

老管在行业内的地位很高,今年,一家民营企业找到他,希望他能够加入该公司,并且开出了非常优渥的条件。老管非常心动,因为该公司开出的条件可以让他解决很多正在面临的困难,但是当他了解到该公司还是一个初创企业、盈利模式还没探索清楚时,他内心踌躇了。在外企工作多年,老管对其组织架构、工作方法和模式了如指掌,如果进入民营企业,他不知道如何开展工作。最终,老管放弃了这个机会。

控制者的内心独白

我喜欢待在熟悉的地方，做稳定的工作，如果要冒很大的风险去做一件事，我会非常纠结，就像这次，相对来说，他们开出的条件非常优渥，而且我身边很多人去了民营企业，且发展得非常好。但是这家公司的组织架构太不清晰了，公司发展前景也不是很明朗，我担心自己没有办法适应这样的环境。

性格特点详解

控制者在尽责性上处于高分区间，而在宜人性、外向性和进取性上均处于低分区间，他们的性格的主要特点是：

- 关心工作流程，对细节观察入微。
- 做任何事情都会提前策划，不会做出冒险的举动。
- 喜欢游离在团队之外，默默做事。

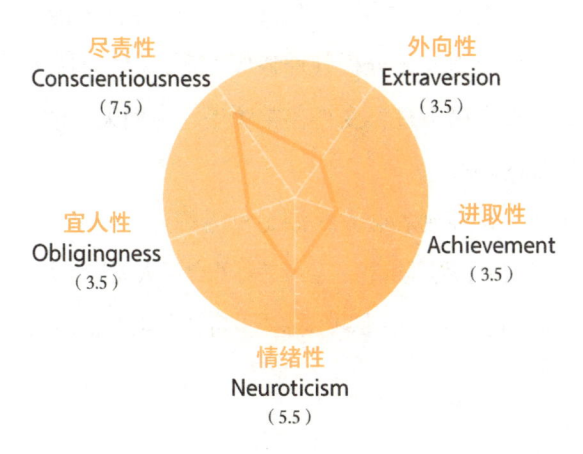

尽责性 Conscientiousness （7.5）
外向性 Extraversion （3.5）
宜人性 Obligingness （3.5）
进取性 Achievement （3.5）
情绪性 Neuroticism （5.5）

图3.17.1 控制者的得分情况

控制者是喜欢控制事情的发展节奏，心思缜密的一群人。他们喜欢在组织运作的系统内尽职地工作，只要是被要求做到的事情，他们都能够做到位，并且能确保工作质量处于最高水平。他们做事非常小心谨慎，不能容忍低级错误。

控制者比较传统、保守、习惯保持沉默，对人际关系和外界变化不是特别关心，容易被人认为疏远和冷漠。他们的这种"本位主义"会使他们缺乏主动性，并且不愿意帮助别人。他们对任何事情都有清晰的指导方针和议程，偏向于待在组织架构明晰的组织里。他们很难接受频繁变化的环境，不喜欢风险，通常是组织实行变革时反对声最高的人。

思维方式

控制者非常谨慎，他们的所有决策都要基于大量的研究和资料分析。他们喜欢用数据说话，考虑各种可能出现的后果，并小心详尽地对比分析各种替代方案，但是他们这种谨慎的态度会使整个决策过程变得非常缓慢，他们无法适应一些需要快速决策的环境。

在工作中，控制者会聚焦满足实际的业务需求，小心地执行计划，坚决按照规则办事。控制者对外界不太关注，每次只会聚焦在业务上，这使他们很难融入除了业务之外的其他活动。

沟通风格

在与人打交道的过程中，控制者会保持务实、谨慎的作风。他们在沟通中比较慎重，字字斟酌，力求清晰、准确地表达自己的期待和要求。在提意见前，他们会做足准备工作，提出的所有意见都是经过认真研究的，并且能为团体增值，不然他们是不会提出来的。

控制者非常务实，他们喜欢用规则说话，公事公办。在工作中，他们很少与别人闲聊，只谈工作问题。控制者经常一个人做事，他们欣赏那些真正有才干的人，不太善于处理人际关系，不喜欢参加同事们的聚会活动，交际圈子比较窄。其他人会觉得控制者有点儿孤僻，喜欢躲避别人。他们内心不太相信别人，这使得他们难以接近，他们需要注意避免对那些比较激进的人过于抗拒。

工作中的他

作为团队的领导，控制者喜欢精确地定义目标，给团队成员制定清晰的工作指导方针，在培养下属的时候会先给每个人制订不同的发展计划。控制者能够提供日常的工作进度报告，喜欢用有效的工作系统和程序来监督下属的工作进度，让下属集中精力去做务实的工作。不过有时控制者会太拘泥程序和规则，抑制了别人的创造力。由于控制者做事谨慎，所以他们不太放心把事情交给下属办理，很多时候他们宁愿自己去做。

作为团队的成员，控制者始终坚持高标准和高质量，非常关注细节和质量，有时会达到苛刻的程度。控制者喜欢提前计划事情发展的动态，促使团队变得聚焦和系统化。如果时间充裕，最好给控制者留出充足的时间来制订计划，但是他们不太擅长处理人际关系，在人际交往过程中，可能会有些僵硬，感情不外露。对一些人来说，控制者的行事风格太过于正式。

工作环境偏好

大多数时候，控制者是一个人在自己的岗位上默默地耕耘，很少参加一些任务之外的活动，也不太喜欢与其他人打交道。在工作中，控制者喜欢对事不对人，并且希望他们的合作对象也是如此。控制者在人际交往方面不太敏感，因此，他们不适合在一个吵闹、需要花费精力建立良好人际关系的环境中工作。控制者不喜欢去影响他人，在他们眼中，每个人只要做好自己的本职工作就好了。

为更好地激发控制者的工作热情，你需要让他们有机会展示自己的专长，为他们分派定义清楚的工作任务。控制者在工作中希望得到个人的、实质性的回报，你还需要让他们感觉自己的工作有保障，能够正常上下班。

控制者比较传统，非常关注流程，希望任何事情都能规矩地、详尽地办好，喜欢职责明确的岗位，喜欢循规蹈矩地办事。如果控制者正在做的工作程序没有常规化，或者接受了一个完全不能应付的挑战性工作，这会极大地削弱他们的工作动力。

管理建议

控制者喜欢做一些有标准、有规则、考核明确的事情，他们一般是非常专业、尽责的人。在向控制者提出愿景时，你要专业、严肃、逻辑清晰地描绘愿景。你可以迎合他们上进的特点，指出愿景可以给他们带来的潜在机遇，有建设性的提议会引起他们的兴趣。另外，在提出愿景时，你不仅要向控制者强调采取小心谨慎的办事方法，也要强调提高效率和质量。

为了使你为控制者制定的目标更加合理和更容易被他们接受，制定的目标要具体、易于衡量，并且让他们知道你的期待是什么。你可以创造机会让他们承担责任大、有系统、有框架、能够得到高度表扬的任务，他们也乐意接受那些有机会解决疑难杂症的项目。

在监督他们完成绩效方面，你只需要对他们的工作进程做日常性的监督，在关键节点让他们向你报告重要事项的最新情况就可以了。因为控制者非常可靠、尽职，并且是完美主义者。他们不会轻易开口请求别人帮助，因为，在他们看来这等于失败。如果计划改变或有意外发生，控制者会非常懊恼和生气，所以在这种情况下你需要耐心地向他们解释清楚原因，并且要让其有足够的时间去做调整。控制者很乐意努力工作，面对任何困难，他们都有能力达成目标，这些方面你要对他们进行表扬。

控制者待人比较严肃，感情不外露，但你不应该就此认为他们不好管理。你要在和他们开会之前，事先做好准备并明确议程，他们不喜欢突如其来的场面。你可以在会议中多鼓励他们提意见，并随时准备澄清和回答他们提出的任何问题。控制者有时不喜欢太快做出决定，你要给他们足够的时间去思考。一般情况下，控制者提交的方案很系统、很详细，你必须认真地逐一考虑。在实施方案的时候，控制者一定会很努力负责地工作，此时你一定要给予他们奖励。

在提供绩效反馈的时候，你要让控制者知道公司里的其他人对其所做的评价，你可以向控制者特别强调他们的专业性，表示对其见解的深度和建设性的欣赏，同时可以指出他们的成就。如果有必要对控制者进行批评，你必须提出对他们改进工作有帮助的建设性意见，并且确保你的批评有事实根据，要让他们明白你是对事不对人。

在规划控制者的职业生涯时，首先要清楚他们对别人和对整体社会有很强烈的责任感，对自己的事业和前程有一定的规划并稳健迈进。你可以让控制者去监督别人的工作，也可以让他们负责需要流程化和高精度的工作。你需要让他们知道，对事要有适度的伸缩性，与别人互动可以轻松一点儿而不必过于严肃。

✏️ 课后小练习

练习3-1：谁是通才？

1. A新加入某科技公司担任研发顾问，上级领导要求他在一周内提交某产品的可行性研究方案，不懂的地方可以请教同事。A花了大量时间收集各方面材料，但快到时间节点了，他依然不确定自己的思路是否正确，不得已向同事请教，但他发现同事的建议和他的设想相差甚远，于是他还是按照原来的思路写了一份方案交了上去。A的方案没有被采纳，他听从同事的建议想再写一份方案，但提交方案的日期已经截止了。A产生了深深的无力感，为什么时间总是不够用呢？

2. B是某零售企业的CEO，为应对电子商务的挑战，他发起了公司变革。B坚信只有彻底打通线上、线下的销售渠道才有可能抢回失去的市场。为此，B在征求他人意见后制定了一套自认为能够成功的策略，要求下属不折不扣地执行，并采用严格的绩效考核制度跟进下属的工作。但这套策略始终不够完美，问题层出不穷，下属不断提出疑问。B在虽然希望这套策略能够推行下去，但又担心下属无法承担特别重的任务，而且自己时常感觉事情太多顾不过来，有心力交瘁的感觉。

3. C是某外资医药公司的营销总监，由于市场竞争日益激烈，近几年公司的利润大不如前。为提高公司的利润，有下属建议应继续加强与医院的合作，也有下属认为仅依靠医生推荐效果不大，可以通过广告或免费讲座增强对普通患者的影响力,还有下属觉得在社区定期搞咨询活动会更好。C觉得他们说得都有道理,并且他不想打击任何下属的积极性,希望他们都去尝试一下,但预算有限,在没有更具体的数据之前,他也不能确定哪种方法最有效。

4. D是某公司的行政主管,一直以来,她都是公司里有名的热心肠,公司里的人大事小事都喜欢找她。但随着公司规模的不断扩大,D需要忙的事情也越来越多,她不好意思拒绝别人的请求,只好将一些事分配给自己的下属去完成。但布置下去的事她经常会忘记跟进,直到对方提醒她才会问下属做得如何。如果下属没有按照要求完成好,D就会很愧疚。D也知道自己这样的做法有问题,但她认为自己既然是行政主管,就有义务为其他同事做好后勤保障。

练习3-2:谁是演示者?

1. A是某公司的部门总监,他非常乐于学习,也希望能够营造部门的学习氛围,他坚信打造学习型组织是非常必要的。A执着于尝试各种新的培训方法,亲自设计多样的培训课程供部门员工选择,要求部门员工按学分必选,并与绩效挂钩。但是下属认为培训的效果并不好,有人认为参加的培训太多分散了工作精力,有人认为培训的内容和实际工作的关联不大,A因此感到非常沮丧。

2. B是某公司总经办文员,她非常珍惜这份工作,会花很多心思来琢磨如何把工作做得更快、更好。对于总经理布置给她的工作,B总是非常积极地去完成,有时还会主动承担一些她原本并不擅长的工作，但只要有可能得到肯定，她就会感到非常开心。B乐于和各个部门的同事打成一片，以获取各部门的更多情况，但她总是平均用力，不会和任何一个部门关系过于密切。

3. C是某互联网公司的产品总监，他严于律己，非常勤奋。尽管C已经是产品总监，但他还是经常在各大论坛潜水收集用户的信息。因此，在每次需求讨论会上，C都会提出自己的观点，并提供可靠的证据。C对下属十分严厉，大家常常因为收集的信息不够而在他面前战战兢兢，一旦说出的想法和他的想法不符，就有可能招致一顿批评。尽管如此，大家还是喜欢跟着C，因为他尖锐的批评通常都是对的，大家经过改正后会取得更好的工作效果。

练习3-3：谁是实效者？

1. A在某IT公司担任人力资源部总监，明年人力资源部需要完成2000个招聘量。A把任务分派给几个招聘经理后，要求他们制订具体的招聘计划，然后每个月提交任务完成进度表。四个月过去了，A发现招聘任务的完成进度非常慢，便怒气冲冲地把所有招聘经理叫进办公室，对他们发了一通脾气。但过后，A又觉得自己过于冲动，很内疚。

2. B正在运作的一个项目进入了瓶颈期，合作双方在某个环节的安排上一直无法达成一致。B是这个项目的对接人，为确保项目能够在计划的时间内完成，一方面，他重新梳理并系统分析了项目前期的成果，并提交给领导；另一方面，B持续与对方的联系人沟通，让他们提供相关资料帮助自己做出新的计划。最终，在B的推动下，该项目在原定时间节点内顺利完成。

3. C是某软件开发公司的销售经理，今年公司刚刚完成一个人才管理系统的开发，并准备将其投放市场。为快速打开市场，C被任命为华南区的销售负责人。在制定今年的销售目标时，C定下了年底1000万元的销售目标。不过这很快引起了销售员们的抱怨，为了让销售员们对销售目标有信心，C开展了一次培训，从技术分析和行业分析两个方面讲解，让大家相信在年底前一定可以达成目标。

练习3-4：谁是引导者？

1. A是某公司的营销总监，最近公司的销售业绩受到很大冲击，总经理认为是对营销团队的激励不够，想要进行绩效改革，激励大家更加努力地工作。A试图和总经理解释这不是人的问题，而是外部环境变了，但他又担心总经理会觉得自己是在狡辩。A知道现在团队士气很低落，但如果真的进行绩效改革，恐怕会打击那些迫不得已排名靠后的员工。为此，A感到很矛盾。

2. B是某公司的创业元老，在公司上下都很受欢迎。B喜欢关心下属，为公司培养人才是他最大的乐趣，为此，他做了不少基础性的工作。B负责公司整体运营工作，也喜欢出去见客户，用他的话说就是"带着小辈们打天下也是一种乐趣"。公司许多大项目都挂着B的名字，每次做关键汇报，客户都希望B参加。最后，B成了各个项目组的"香饽饽"，不停地被争抢，抢不到B的项目组在客户面前就显得很被动。为此，B非常愧疚。

3. C是某公司的研发总监，许多技术骨干都是他一手培养出来的，他带领团队攻克了不少技术难题，获得了不少专利。C总是身先士卒，只要下属加班，他也跟着加班。但C在管理上过于细致，对流程把控得非常严格，让下属经常感觉像被人盯着一般难受。C尝试过放手一段时间，但又很难真的放下，一有问题他还是会亲自解决。为此，大家都觉得很不舒服。

练习3-5：谁是创业家？

1. A是某部门的领导人，一路从管培生晋升为公司最重要部门的领导。A以"十项全能"著称，工作起来完全是一副"拼命三郎"的样子。A除了擅长单兵作战，还擅长调兵遣将，在他手下磨炼过一两年的人都成为能够独当一面的骨干。但A的脾气也是出了名的暴躁，常常不留情面地批评下属。所以绩效不好的员工在A的部门总是战战兢兢的，不敢多说一句话，因为A随时都有可能把他们踢出团队。

2. B是咨询部门的业务骨干，人称"打单王"，没有他拿不下的客户。B在与客户沟通时，常以强大的气场、专业的形象赢得客户的好感。但对于自己的团队成员，B却感到有点儿被动。B善于表达，他觉得自己对客户的理解是最准确的，每次讨论都会尽量说服别人，做出决定时也以自己的意见为准。团队成员交上来的方案往往都偏离B的设想，他也没有办法在他们的实际工作中很好地控制节奏。

3. C是某部门的资深员工，他有很多新奇的想法，乐意和大家分享。对于其他人的想法，C也会大力支持，甚至会花心思帮助大家完成愿望，但他经常也会因为公司的想法和同事的想法不一致而苦恼。一方面，C觉得公司有自己的考虑可以理解；另一方面，C觉得同事辛辛苦苦地付出不容易，不应被轻易忽略。最无奈的是，很多时候C不幸成为竞争的受害者，导致一直没有顺利晋升。

练习3-6：谁是控制者？

1. A是某网络科技公司的产品经理，他正在统筹一个产品的开发工作。程序员Z找到A，告诉他有一个页面用现有的算法加载速度特别慢，而且用户体验不佳。若用新算法，需要更改前面做好的内容，A思考后觉得新算法后续的应用会更广，于是向上级汇报了这个想法，通过后就开始安排整个更新工作。

2. B是某制造企业华中区域的负责人，由于两个骨干人员离职和竞争对手的新产品上市，上半年他负责区域的整体业绩下滑得非常厉害。一个星期以来，B都寝食难安。为应对这种状况，B不断向其他做得好的区域负责人请教，并基于这些信息拟订了一份下半年的工作计划。

3. C是一名财务经理，最近他发现会计Y提交的材料经常出现一些低级错误，多次提醒后仍没有改正。于是，C询问Y

为什么会出现这种情况，到底是不会算还是粗心。为避免再次出现这种情况，C让Y以后每次提交材料前都检查两遍，并且要提前一天提交给他再检查一遍。

练习3-7：以下情境里，他们最有可能采取的行动是什么？

1. 公司一年一度的新员工培训，讲师给大家一分钟时间相互认识，变色龙会（　　）。

　　A. 拿起笔，只告诉同桌自己的名字

　　B. 看情况，如果有人问，自己就回答

　　C. 站起来，热情地向周围的人做自我介绍

　　D. 低下头，默默地翻阅手中的培训材料

2. 半年度的绩效反馈开始了，专家需要和企业的每个员工沟通其半年的表现，他们会（　　）。

　　A. 仔细研究每位员工的绩效成绩，琢磨如何引导他们

　　B. 让员工先说自己的情况，再视情况而定

　　C. 看完员工的绩效成绩，斟酌用什么样的方式和他沟通

　　D. 看看人力资源部有什么要求，按要求快速完成

3. 公司进行战略调整，估计会对现有产品线进行"大瘦身"，通才会（　　）。

　　A. 看情况，打听"大瘦身"的原因，看周围的人有什么反应

　　B. 无所谓，无论怎么"大瘦身"，该做的事情还是得做

　　C. 很担心，看"大瘦身"会不会裁员，稳定下属的情绪

　　D. 很兴奋，研究"大瘦身"之后自己的工作会有哪些转变

4. 公司准备实行绩效改革,大家议论纷纷,理想者会( )。

A. 积极参与讨论,发表自己的观点

B. 漠不关心,不管怎么改革都无所谓

C. 研究实行绩效改革的原因,担心那些排名靠后者

D. 迅速接受,早就看不惯那些吃大锅饭的家伙了

5. 在拜访客户时,客户对方案提出疑问,演示者会( )。

A. 沉默良久,然后告诉客户需要回去思考后再给出准确答复

B. 立刻辩解,针对客户提出的疑问进行答复,反驳得客户哑口无言

C. 马上道歉,承认是自己的错误,希望客户不要生气

D. 积极应对,巧妙地避开最大的争议,缓和气氛后再说服客户

6. 部门进行头脑风暴,推广者会( )。

A. 快速抛出自己的想法

B. 耐心地倾听大家的发言

C. 自己先思索一会儿,想出一个不会被人质疑的创意

D. 看谁的发言最好,再对其想法进行点评

7. 隔壁部门来了个新同事,实效者会( )。

A. 完全不关心,继续做自己的事情

B. 和他打个招呼,混个脸熟

C. 主动去介绍自己,并向他介绍一下自己的部门

D. 和自己部门的同事分享这个消息

8. 新加入的公司刚安装了ERP系统，在原公司有过操作经验的辅导教练会（ ）。

A. 默不作声，因为不确定现公司的ERP系统和原公司的ERP系统是否相似

B. 立刻报名，主动承担起帮助大家熟悉该系统的工作

C. 先了解情况，如果自己会操作，一定帮助大家学会

D. 看情况，如果有人问起再说

9. 许多成员因为长期加班身体不适，导致项目进度滞后，引导者会（ ）。

A. 主动分担工作，不管自己的工作负荷如何

B. 要求增派人手，调整后续的工作节奏

C. 鼓励大家加油，既然确定了工作计划就要不折不扣地执行

D. 显得无动于衷，默默完成自己手头的工作

10. 在绩效反馈中，面对连续两个季度绩效不佳的下属，创业家会（ ）。

A. 怀疑是不是计算出现了错误，因为他平时还是蛮积极的

B. 先做安抚，了解原因后再看是否需要进行培训

C. 表示关心，反思是不是自己做得还不够好

D. 了解清楚下属是否已经竭尽全力工作，如果没有，则会毫不留情地批评

11. 在部门业绩回顾会上，部门领导征求大家对下一季度销售策略的意见，传统者会（　）。

A. 第一个发言，发表自己的见解，并保证自己的目标可以实现

B. 默不作声，如果被问到，会委婉地表示需要会后思考清楚之后再回答

C. 积极参与，对别人的说法做必要的补充

D. 在听了很多发言之后，阐述自己的想法，但尽量不引人注目

12. 公司需要开拓海外市场，组建筹备团队，倡导者会（　）。

A. 仔细权衡，看是否值得尝试

B. 异常兴奋，想方设法加入

C. 积极响应，并号召大家一起加入

D. 无动于衷，不想离开现在的城市

13. 下属犯了一个错误，建筑师会（　）。

A. 严厉地批评他，让他一定要把这个问题解决掉

B. 在上级面前帮他担下这个责任

C. 安慰他，并一起看看还有没有补救的机会

D. 帮他把这个问题解决掉

14. 和探索者一起谈论行业发展趋势，他们会（　）。

A. 兴致勃勃，并提出一些创新的想法

B. 关心公司会不会跟不上行业前进的速度

C. 担心公司未来会发生动荡

D. 认为对方在很多方面想得不对

15. 正在做事时，同事小王向自己请教一个问题，支持者会（ ）。

A. 立马放下手头的工作帮助他

B. 让他10分钟后再来找自己

C. 先询问他是哪个方面的问题，再看看要不要现在帮助他

D. 让他去找其他同事帮忙解决

16. 上级让控制者做一份任务安排表，他们会（ ）。

A. 列出一些任务关键节点，细节方面到时再确定

B. 考虑所有可能的情况，每个细节都详细思考

C. 询问其他同事的安排后再开始写

D. 找一些类似的安排表，用相似的内容直接替换

第四章

盘点领导干部　助力战略转型

A银行是国内大型的传统商业银行。A银行以大公司业务作为发展重点，因此，其大部分资源向大公司业务倾斜。为更好地服务大公司，A银行不可避免地将业务、风险管理、组织结构、考核激励等模块都建立在这个基础之上，从而形成简单粗放、重视规模扩张的发展模式。

长期以来，A银行一直按照"总—分—支"的块状管理体制进行管理，分行和支行的组织特点是"麻雀虽小，五脏俱全"。因此，分行行长和支行行长对各业务板块都有决策权，这与国际银行业以业务垂直管理为特征的事业部制组织架构有很大区别。

在块状管理体制下，一方面，管理和决策链条较长从而影响效率；另一方面，不能从全行的角度出发统一调动资源，导致资源配置不合理的问题十分突出。与事业部制相比，块状管理体制的劣势十分明显。

银行业本身属于技术高度敏感的行业，每次重大技术创新都会全方位地改变银行业的运作模式。

A银行董事长等高层认为，以互联网为核心的第三次工业革命将彻底改变传统商业银行的生存状态。银行的两大功能——社会融资中介、支付平台都有互联网的介入。大数据、互联网信息产业的发展会使银行重构。从理论上讲，现在银行的所有业务，互联网企业都能做。

随着第三方支付的飞速发展，我国已成为全球最大的第三方支付市场，第三方支付带来了银行活期存款的转移。只从这一方面来看，银行的盈利就要被互联网企业分出一部分，而这仅仅是互联网在市场份额层面对银行业的冲击。对银行业来说，更深层次、更具实质性的挑战是对其商业模式和思维方式的冲击。

反观A银行的现状如下。

- 规模扩张速度明显放缓。以规模扩张和利差保护实现业绩高增长的发展模式已难以为继，需要迫切寻找新的利润增长点。随着利率市场化的加速推进，商业银行利差空间持续收窄，盈利增速明显放缓。
- 资产质量监控面临巨大压力。经济下行加大了银行业的经营风险，商业银行前期发放的一些产能过剩行业、房地产行业等的信贷风险逐步暴露，不良贷款额和不良贷款率持续上升。在经济增速持续放缓的背景下，商业银行未来一段时间面临的各类信贷风险可能会继续发酵，资产质量将继续承受较大压力。
- 经营管理面临更多监管约束。这些监管约束在规范市场的同时，也促使银行业调整固有业务发展模式，加快经营转型。
- 技术落后。随着大数据、云计算等信息技术的发展，互联网金融新型产品已经开始侵蚀A银行的市场份额，而A银行沿用的仍是老一套的金融产品。

经过一系列研讨及咨询方案对比后，A银行董事长认为，在当前形势下，A银行转型势在必行。因此，请来咨询顾问帮助其转型。

第一节 转型战略

A银行高层认为，若不想与市场脱节，就必须与时俱进，大力推进战略转型，切实转变业务模式和盈利模式，提高精细化管理水平。具体来说，需要从客户服务模式、风险管控、产品和业务、技术等方面进行转型和创新。

- 客户服务模式转型。因时而变，有效整合传统业务资源和非传统业务资源，参与到企业的价值链中，实现由传统的存贷款融资中介向提供综合金融服务方案的全能性服务中介转型，建立新型银企合作关系。
- 加强风险管控。加强对房地产贷款、贸易融资等重点领域的风险排查，加强对潜在风险客户的跟踪管理。
- 持续开展产品和业务创新。树立差异化技术优势，降低竞争成本，提高客户忠诚度。
- 加快技术创新。实现业务与IT技术的高度融合。

在这一过程中,真正使转型战略起作用的是人,比如A银行现有工作人员的素质如何,人员本身是否足以支持银行转型,团队之间的人员搭配是否合理且符合战略需求等。

A银行若想转型成功,必须保证在转型过程中,无论是管理者、关键岗位人员还是团队都能满足转型要求。这就要求使用先进的人才测评技术为A银行的员工进行全面摸底分析。

在企业的人才摸查盘点中,主要关注三个方面:绩效结果、能力和性格。

- 绩效结果反映了个人当下的业绩水平,可以通过硬性的绩效打分进行评定。
- 能力是个人具体行为表现的反映,能力水平高低可以有效预测个体能否胜任工作,从而产生高绩效。可使用360度评估作为能力测评工具,由与被评价对象有密切工作关系的人(包括自己、直接上级、同事、直接下属等)对被评价对象进行评价,从而全面地、客观地收集员工在工作中行为表现的相关信息。
- 性格是指与员工工作相关的关键人格特质,可预测个体的行为表现,一般使用大五人格模型进行测评。

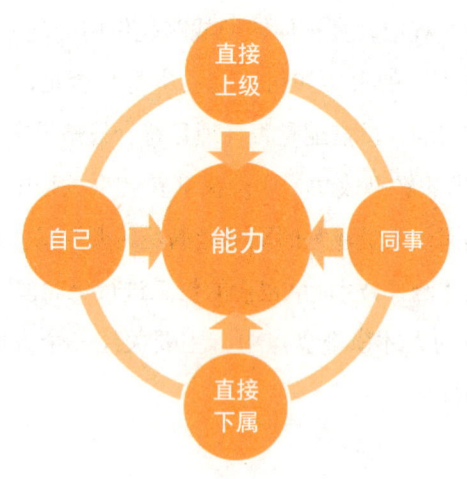

图4.1.1 能力的360度评估

第二节 中层管理者在转型中面临的挑战

中层管理者是大部分企业转型中的关键。因为中层管理者是完全依靠管理技能而非从事专业技术改造的管理层级,他们是基层管理人员的管理者。中层管理者的主要职责是将高层战略传达给基层的管理者和员工,将基层管理者和员工的执行能力反馈给战略制定者,通过成人达己实现个人成就,在企业中起到承上启下的作用。

对于A银行的未来转型来说,基于中层管理者的人员要求分析如下。

- 相比传统商业银行环境,未来市场格局变化得更快,要求中层管理者有较强的适应能力和管理意识。
- 相比传统商业银行的大客户关系型导向,未来A银行会以技术和创新为主要业务发展方向,提示中层管理者要快速学习新知识并有创新意识。
- 新兴互联网金融冲击越发激烈,风险控制越发重要。

◉ 相比传统商业银行的块状管理体制，A银行转型后更强调事业部制的垂直管理，这就要求中层管理者具有全局意识、管理魄力等。

但以上是停留在理论层面的分析，咨询顾问结合与业务领导等高层管理者的深度访谈，并进行外部对标后，可以得出客观且切合实际的中层管理者能力模型。

咨询顾问与业务领导等高层管理者的深度访谈，试图探讨中层管理者现在与未来的价值和定位，可以深入挖掘关键工作行为与关键能力特征。

结合与业务领导等高层管理者的深度访谈结果，将A银行中层管理者与国内外标杆银行的中层管理者进行对标分析，可以建立适合A银行的中层管理者能力模型。

基于A银行现有中层管理者的能力测评数据及国内外标杆银行（特别是在互联网金融及转型方面非常成功的银行）的中层管理者能力模型，可以推导出能够满足A银行当前需要和未来挑战的能力模型。

历时一个多月，咨询顾问为A银行的中层管理者构建了能力模型（见表4.2.1），并根据能力模型设计了相应的360度评估问卷题本。

表4.2.1　A银行中层管理者能力模型

战略思维	商业头脑
	技术学习
	快速学习
	分析能力
	问题解决
	决策质量
全局意识	资源配置
	管理制度化
	了解组织运作
管理意识	及时决策
	分清轻重缓急
	构建综合工作体系
事业企图心	管理魄力
	独当一面
	以行动为导向
	坚持不懈
	追求成效
	处理压力与挫折
引领变革	应对不明朗局面
	创新意识
	创新管理
	高瞻远瞩
组织协调	亲和力
	善于社交
	说服及影响他人
	冲突管理
	赢取信任

第三节 开展中层管理者盘点

A银行的中层管理者盘点包括测评前的启动宣导会、盘点实施和报告反馈三个环节。

测评前的启动宣导会

A银行的宣导会内容包含以下四个方面。

- 对员工解释中层管理者盘点的目的。如通过对中层管理者团队的分析，可以了解管理者的整体能力水平及优劣势，在后续的转型过程中重点针对团队短板进行培养，带动终端经营管理水平的有效提升。
- 解释能力模型的详细标准。能力模型本身是高度概念化的语言，员工很难理解。在宣导过程中，通过对能力模型的通俗化解释，让员工充分理解盘点的主要内容，提高盘点结果的信效度，同时统一员工内部语言，加深员工对岗位的认识和理解。
- 盘点的操作方式。2009年，在A银行的盘点过程中，已经全面使用了360度评估测评系统。在宣导会上，咨询顾问提前讲解360度评估的操作方式和注意事项，大大地降低了以后测评过程中意外情况及困难情况发生的可能性。
- 现场评价与Q&A（问答）。通过现场盘点演示，让员工了解盘点的真实情况，并由咨询顾问对员工的疑难问题和困惑进行解释。

2009年，中层管理者盘点对于一般员工来说仍是较为陌生的事物。员工往往不理解盘点的目的，将盘点理解为人力资源部门为完成自身工作而布置分发的任务，因此，员工容易对盘点产生抵触情绪。

最终，A银行高层亲自参加了宣导会，对盘点的目的进行了解释，比如解释了公司转型战略与盘点间的关系：盘点本身是为银行转型做准备；测评是基于转型的目的帮助参与测评人员进行日后培养计划的制订等。

这一做法，不仅体现了A银行高层对这次中层管理者盘点的重视与支持，也化解了很大一部分员工的担忧和抵触情绪。

盘点实施

由于工作计划、测评人数、人员安排等原因，A银行的中层管理者盘点并非一次完成的。咨询顾问与各分、支行人力资源部门通过会议商讨，设定详细的分、支行盘点安排计划，根据参与盘点人员的实际情况，测评方式从纸笔测评到登录测评系统进行测评都有。此外，在中层管理者进行盘点前，还对执行盘点的人力资源部门人员进行了相关内容的培训，包括系统操作、测评基本知识、意外情况的处理等。

报告反馈

- 一份团队报告：团队测评结果显示，中层管理者团队在管理意识、组织协调方面处于相对优势，在全局意识、战略思维、引领变革方面处于相对劣势，需要整体加强。通过绩效结果和360度评估的结果，将200多名中层管理者分成3个梯队，绩效和能力均高的为第一梯队，可以作为优先选拔对象；能力高但绩效低、能力低但绩效高的为第二梯队，可以作为待发展对象；能力和绩效均较低的为第三梯队，可考虑重新选拔。基于每个人的绩效结果和能力结果识别个体优劣势和性格特点，为未来发展提供参考。
- 一次高管汇报：咨询顾问为A银行董事长等高层提供团队测评结果解读，最终测评成果得到高层的一致认可。
- 多次反馈培训：通过开展反馈培训活动，咨询顾问将盘点结果反馈给每个中层管理者，并针对个人及团队的优劣势进行综合分析，对劣势团队进行相应的培训。将最终形成的能力模型与性格画像交付给人力资源部门，以备后续招聘及竞聘使用。

团队能力报告

从A银行的团队报告来看,中层管理者团队在管理意识、组织协调方面处于相对优势,盘点中得高分的中层管理者在团队中的占比分别是63.7%和54.2%;在全局意识、战略思维和引领变革方面处于相对劣势,得分高的中层管理者在团队中的占比分别是29.3%、28.1%和16.0%(见图4.3.1)。

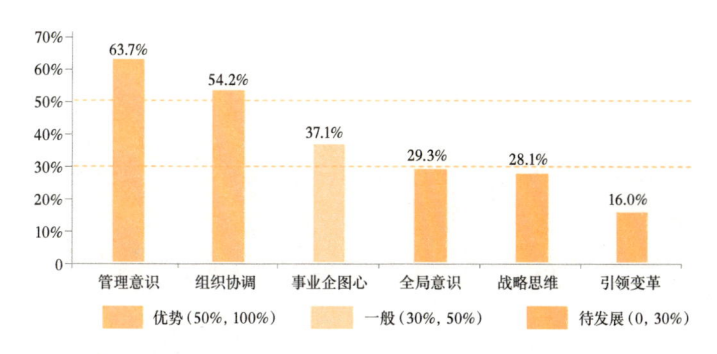

能力	占比
管理意识	63.7%
组织协调	54.2%
事业企图心	37.1%
全局意识	29.3%
战略思维	28.1%
引领变革	16.0%

优势(50%, 100%)　　一般(30%, 50%)　　待发展(0, 30%)

图4.3.1　中层管理者能力高分人员的占比对比

- 团队优势。从以上分析可见,A银行中层管理者团队的优势在于"管理意识""组织协调"。A银行的中层管理者团队倾向于设置高效的工作流程,并且在工作上能分清轻重缓急,也善于在信息不全和时间紧迫的情况下快速做出决策。在组织协调上,A银行的中层管理者团队能有效地进行冲突管理,善于与上级、下属、平级同事以及组织内外的人建立起良好关系,有较广的社交网络并擅长说服与影响别人。
- 团队劣势。A银行中层管理者团队的劣势在于"全局意识""战略思维""引领变革"。A银行的中层管理者团队合理配置资源的能力较为欠缺，比如人力、物力、财力的分配不合理；对新知识、新技术的学习和关注度不足，对外界，比如对全球的银行市场格局变化不敏感，在问题分析与决策上有较大的发展空间，在变化日益剧烈的银行业市场中，对快速变化的环境适应性较差，创新意识有待加强。

团队能力与绩效四宫格——以待发展员工为主，优秀后备人才不足

通过能力与绩效四宫格（见图4.3.2），可以将中层管理者有效划分为三个梯队：第一梯队——优秀后备人才，第二梯队——待发展员工，第三梯队——需逐步淘汰的员工。咨询顾问根据A银行员工所处的不同梯队，将资源进行有效分配，为A银行的高效转型做好准备，其结果也可应用在未来竞聘和招聘的决策流程上。

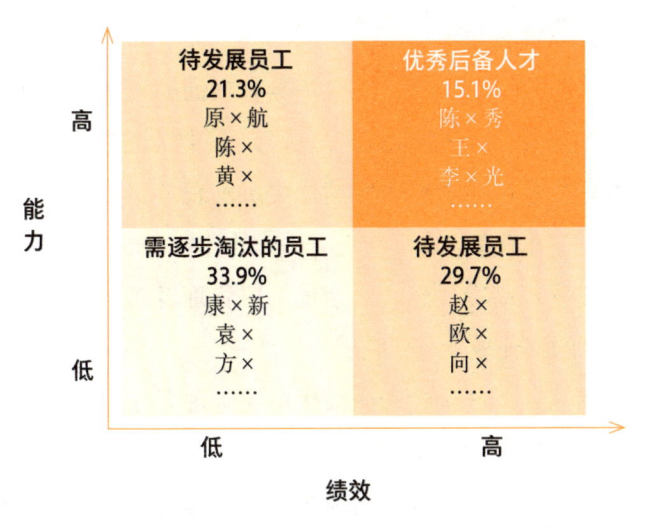

	低 绩效 高
高 能力 低	待发展员工 21.3% 原×航 陈× 黄× ……	优秀后备人才 15.1% 陈×秀 王× 李×光 ……
	需逐步淘汰的员工 33.9% 康×新 袁× 方× ……	待发展员工 29.7% 赵× 欧× 向× ……

注：能力和绩效均按以下标准划分为两个等级水平：(0~6)为低，(6~10)为高。

图4.3.2　能力与绩效四宫格

　　A银行的中层管理者中51.0%为待发展员工，A银行高层可进一步观察并在银行转型的相关内容上对他们加强培训和业务指导。对于15.1%的优秀后备人才，A银行高层可以赋予他们更大的责任和更具挑战性的工作。同时，应引起A银行高层注意的是有超三成中层管理者处于第三梯队，后续高层应根据盘点结果对内部管理人员晋升体制等做出进一步的制度优化。

团队性格报告——绩优绩差比较

　　对A银行中层管理者团队进行大五职业性格子维度的绩优绩差比较，结果绩优绩差人员分别在利他、条理性、责任感、精确性、独立性上得分有显著差异（得分绝对值大于1分）（见

图4.3.3）。

利他：绩优中层管理者往往具有很高的利他性，在工作中乐于帮助同事，愿意急他人之所急、需他人之所需。

条理性：高条理性表明绩优中层管理者将生活和工作都能打理得井井有条，在工作上有明确的计划安排。

责任感：高责任感表明绩优中层管理者对工作负责，并且对自己的责任极少有推脱。

精确性：高精确性表明绩优中层管理者注重细节，对数字、条款等有很高的敏感度。

独立性：高独立性表明绩优中层管理者在面对挑战和困难时，能够很好地独立思考并做出相应的决策。

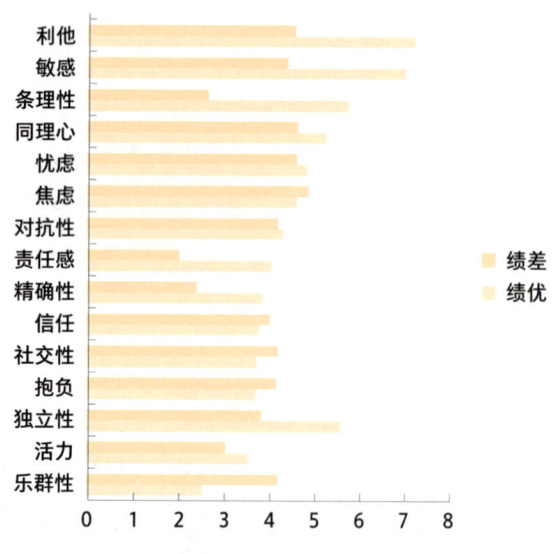

图4.3.3 中层管理者大五职业性格绩优绩差比较

关键岗位的性格分布

从对A银行关键岗位（以销售岗位为例）性格分布的分析来看，A银行现有的销售团队中，占比最高的性格画像为推广者（见图4.3.4）。因为在传统商业银行的市场环境下，银行更看重销售人员能不能对银行理财产品等进行较好的市场推广，并且传统业务更多为关系导向。

而A银行正面临转型，未来业务会更倾向于多变的类型，与原有业务相比，很可能发生较大变化，销售人员可能会面临较大的执行压力，并且在新业务拓展过程中，A银行整体绩效需要平稳过渡。

这就意味着A银行在未来转型过程中，需要逐步增加实效者在团队中的比例。

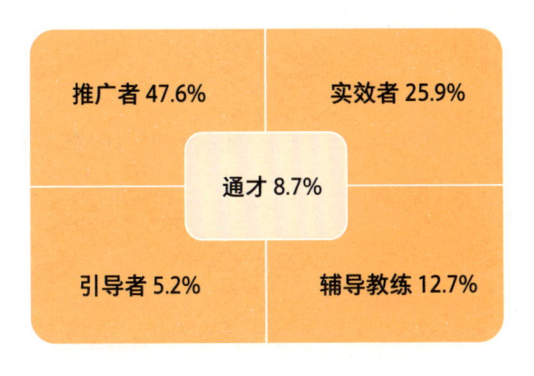

推广者 47.6%	实效者 25.9%
通才 8.7%	
引导者 5.2%	辅导教练 12.7%

图4.3.4　A银行关键岗位性格分布

◎ 推广者：外向、直率，思考广泛，乐于向他人推销自己的想法和思路。

- 实效者：有责任感，有决心，以目标为导向，执行力强，坚定地把项目向前推进，直到完成。
- 引导者：性格开朗，广泛社交，喜欢并能引导他人交换意见，能妥协和理解他人。
- 辅导教练：有同情心，能关心和帮助别人，乐于助人，善于与人打交道，关注他人的成长。
- 通才：能适应不同情况，表现出从容、友善的风格，不会把自己的想法强加于别人，能容忍不同的作风。

团队工作环测评结果——冲锋陷阵型团队

为实现共同目标，团队需要经历八个阶段，这些阶段相互影响、循环往复，形成团队工作环。每个团队成员对团队工作都有着独特的贡献，这些独特的贡献与每个人的性格息息相关。根据工作环测评结果分析，A银行团队为冲锋陷阵型团队（见图4.3.5），该类型团队适合在高压、方向明确的情况下进行项目开展与业务扩展活动。这与A银行转型方向有以下差距。

- 团队优势："设定方向""承受压力"。冲锋陷阵型团队倾向设立明确的目标，为团队成员提供清晰的方向指引；同时能从容地应对高压环境，使工作效率不受影响。这有利于银行转型期的项目快速有效地推进。
- 团队风险："探索可能""人际网络""团队凝聚"。冲锋陷阵型团队的创造力比较有限，很难对不同问题提出不同的可行性方案；在处理团队内部冲突方面存在困难；较少与组织内外建立关系，可能影响组织团结与工作开展。

团队转型发展建议：鼓励团队成员进行更有创造力的思考，提出不同的可行性方案，这对银行转型过程中的业务转型创新扩展有很大帮助；鼓励团队成员学习扩大组织影响力的方法，积极构建关系网或进行有益的接触，转型后的数字化银行要使团队获得高绩效，而不是像过去那样依靠单打独斗；建议团队成员积极聆听和沟通，支持和关怀他人，根据团队需要调整个人行动，特别是在A银行转型过程中会遇到相当多的新挑战及新困难，团队间的高效交流是转型成功的关键。

冲锋陷阵型团队

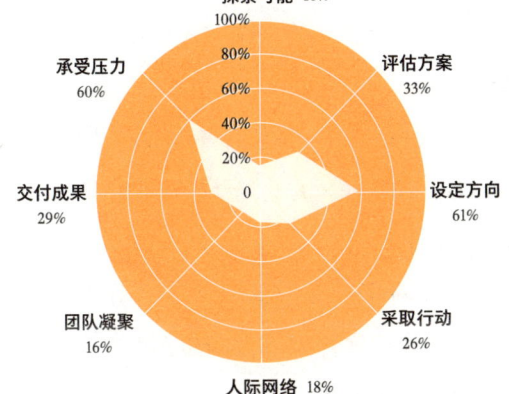

- 探索可能 16%
- 评估方案 33%
- 设定方向 61%
- 采取行动 26%
- 人际网络 18%
- 团队凝聚 16%
- 交付成果 29%
- 承受压力 60%

注：百分比为在该环节中处于优势水平的人员占团队总人数的比例。

图4.3.5　团队工作环测评结果

优秀后备人才陈×秀——个人报告分析

人才分档：第一梯队

能力综合评价

陈×秀管理意识、组织协调、事业企图心、全局意识、战略思维、引领变革方面的能力非常突出。在工作中，陈×秀能积极承担具有挑战性的工作，在遇到问题时善于从多角度进行分析并提出多种解决方法，善于识别优秀人才、组织协调资源和管理团队。同时，陈×秀能很好地适应快速变化的大环境，能主动学习和快速掌握新事物发展规律，具有很强的业务改革能力。陈×秀能很好地满足当前工作的要求，由于他提升的潜力空间较大，咨询顾问建议A银行通过培训帮助他更好地发展，未来可以赋予陈×秀更多的工作职责和更具挑战性的任务目标，并让其用适合自己的工作方式实现。

性格特点

陈×秀对别人有适度的信任，不会为维护自己的利益而占他人便宜。必要时，陈×秀会给予别人帮助，但看待问题可能过于客观，会让人觉得不顾及他人感受。

陈×秀倾向于对事实和数据进行严密分析，做事既会提前制订计划，又不会固守计划不肯调整，但有时比较自由、散漫，显得不够尽责或不靠谱。

陈×秀热情、外向、喜欢社交，能很快与他人建立联系，工作中精力充沛，以团队为导向，能带动团队做事的热情。

陈×秀有很强的内驱力，喜欢以自己的方式默默地做出成绩，但不喜欢与人争执，很可能会回避正面对抗，这会让人误认为他容易妥协。

陈×秀情绪成熟、稳定，遇事不容易焦虑，很清楚自己想要什么，但有时也会被他人的反馈干扰，难以轻松地接受负面反馈。

偏好的工作环境

△ 能够按照自己的方式来安排工作。

△ 对他人比较关注，表现优秀时能够及时获得肯定和赞扬。

△ 工作环境好，有安全保障，不存在潜在风险。

△ 工作内容不枯燥、乏味，任务具有多样性和刺激性。

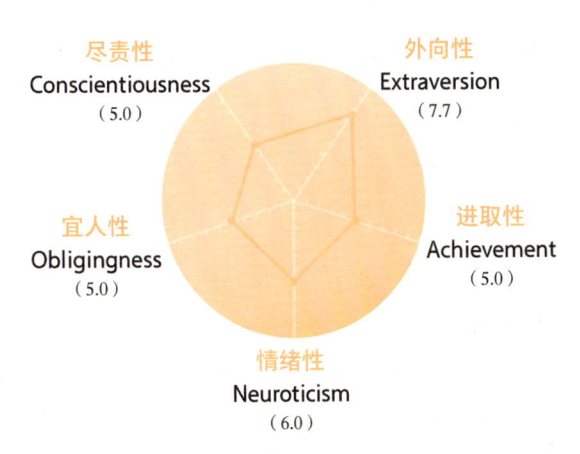

尽责性
Conscientiousness
（5.0）

外向性
Extraversion
（7.7）

宜人性
Obligingness
（5.0）

进取性
Achievement
（5.0）

情绪性
Neuroticism
（6.0）

图4.3.6　陈×秀的大五职业性格测评得分

待发展员工赵×——个人报告分析

人才分档：第二梯队

能力综合评价

赵×管理意识、组织协调方面的能力突出，事业企图心、全局意识、战略思维、引领变革方面的能力欠缺。在工作中，赵×与同事关系较好，在内、外部事务的协调处理上都有较好的表现，并且能为团队制定高效的规章制度。但对正处于转型期的A银行来说，中层管理者的事业企图心、全局意识、战略思维和引领变革方面的能力是必不可少的，咨询顾问建议A银行根据赵×在组织协调、管理意识方面的能力，交给他一些需要跨团队合作的任务；同时，适当地为其安排较为宏观又不过于影响组织绩效的项目规划工作，以便提高他的全局意识和战略思维等能力，为A银行转型培养后备人才。

性格特点

赵×不会因自己的私利而占别人便宜，愿意相信和尊重他人，考虑他人的感受，常常把他人的需求放在首位，同时给别人提供必要的帮助。

赵×工作勤奋、负责，对待工作有一套严格的标准，提出的观点都是经过详细研究的，做事较有条理性，也乐于根据情况做出调整，但有时显得过于保守。

赵×比较安静，与认识较久的人相处时显得比较自在、开放，在工作中比较愿意参与团队合作任务，也乐于以独立形式开展工作。

赵×会很快地提出自己的想法并指挥别人，会竭尽全力地维护自己的观点，做决定时希望得到周围人的建议和协助，但也不是凡事都要得到他人的认可。

赵×性情温和，成熟、自信、淡定，没有什么事情会扰乱其情绪，不会轻易流露自己的情感，有些人觉得其缺乏活力和对任何事情都不在乎。

偏好的工作环境

△ 工作环境好，有安全保障，不存在潜在风险。

△ 工作内容不枯燥、乏味，任务具有多样性。

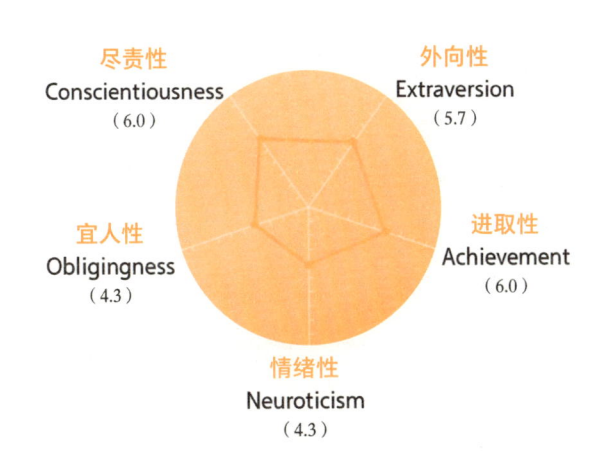

尽责性 Conscientiousness（6.0）

外向性 Extraversion（5.7）

进取性 Achievement（6.0）

情绪性 Neuroticism（4.3）

宜人性 Obligingness（4.3）

图4.3.7　赵×的大五职业性格测评得分

225

转型后的A银行

中层管理者盘点结束后，A银行并没有将盘点结果置于脑后。相反，A银行人力资源部门将能力模型与性格特征分析结果应用于招聘和竞聘过程中，为A银行转型储备既充足又合适的人才。

A银行转型成功的一个关键因素是高层的支持，因此，他们可以关注中期和长期的计划。相反，无法得到高层支持的银行虽然有类似的计划，但无法成功转型。2009年，A银行一天的全球交易数是9000万次，而到了2013年已经达到2.5亿次。

第五章

识别高潜人才　拓展新兴市场

国内某通信设备供应商A公司经过二十多年的发展，在国内电信市场已经拥有一定的销售渠道和口碑。但是随着国内电信市场竞争机制的引入，行业竞争越来越激烈，尤其是几大资金、技术实力雄厚的跨国巨头公司在中国电信设备市场的主导地位逐步确立，使得A公司单纯依靠国内市场谋求发展变得非常困难。

因此，A公司紧紧抓住全球通信市场需求不断增长、国际市场进入壁垒降低等机遇，开始实施国际化发展战略，希望通过推进自有品牌的出口来扭转国内销售危机局面。

然而，在迈向跨国经营阶段，A公司在品牌知名度、海外政治文化环境、语言习惯、国际化管理人才等方面面临诸多障碍。A公司内部管理者虽然熟悉国内业务领域，但都没有开拓海外市场的经验。尽管A公司有临时空降的管理者，但他们都存在企业文化适应性、人际沟通和信任等问题。

经过综合考虑，A公司高层管理者决定在公司内部人员中进行高潜人才选拔，培养一支具有国际视野的管理团队。

这时，又面临着这样的问题：大家都没有经验，谁更适合负责新市场领域的开拓？以什么标准来衡量高潜人才？如何识别高潜人才？

经过几番讨论，A公司高层管理者逐步达成共识。

第一节 认识高潜：高绩效不等于高潜

绩效只能代表过去的成功，不能预测未来

过去，A公司进行过高潜人才的选拔，选拔的标准主要基于绩效。然而，大家一致看好的高绩效者在新的岗位上取得的成功率只有不到1/4。这一结果有力地说明高绩效并不等于高潜。因此，A公司高层管理者开始反思当初高潜识别方式的缺陷——过于依赖绩效。从高绩效者中选高潜人才，这个大方向本不会有太大的失误。当公司稳步发展时，高绩效者在稳定的局势下能保持好的绩效表现，他们是最好的"守军"；但当人才面临的工作角色和管理的业务发生质的变化时，不少高绩效者就逐渐退出了高潜队伍。因为在没有现成经验可循的情况下，他们以前取得高绩效的方式不再适用，但他们仍喜欢停留在原先的"舒适区"，不会主动调整、优化自己，不去探求和开辟新道路，在自认为对的道路上越走越远，继而徒劳无功的结果会一再消磨他们的斗志，导致他们遭遇发展的瓶颈。

当前，A公司正处于跨国经营阶段，海外市场存在很多不确定性，对人才的综合能力要求更高，迫切需要选拔出能在跨地域、跨文化新项目上担当重任的人才。在这种情况下，仅靠过去的绩效难以预测人才的未来表现，甚至可能选出与初衷相悖的人选，因此，绩效等硬性指标可以作为初步筛选的门槛，除此之外，还要关注人才是否具有长远发展可能的软性指标。

高潜人才具备的两大特征：高潜因素和高潜驱动力

在VUCA[①]时代背景下，A公司要将本土的优秀人才派往海外去开疆拓土，他们需要应对瞬息万变、错综复杂的情况，拼的是在未知境况下的自我学习能力、自我更新能力和灵活适应性。因此，A公司在咨询专家意见后，对高潜人才进行重新定义，认为高潜人才应该包括两个方面的特征，一是个体是否具有长期发展的潜质，即"高潜因素"；二是个体是否具有强烈的发展意愿，即"高潜驱动力"。高潜因素能有效预测个体发展的长远性，关乎一个人在应对新的市场环境、岗位变动和新挑战时的适应能力，主要包含4个要素，即自我学习力、多视角思考、人际敏感性和情感成熟度。高潜驱动力是个体在意愿上的积极性，是驱策潜质发挥的重要内在因素，表明个体在心态上是否将挑战视为机遇，其自身是否真正愿意向上发展，主

---

① VUCA是volatility（易变性）、uncertainty（不确定性）、complexity（复杂性），ambiguity（模糊性）的英文首字母缩写。

要包含6个要素,即积极性、成就、多样性、权力导向、灵活性和独立自主。倍智人才研究院根据569家标杆企业高潜识别项目的数据分析发现,潜质和意愿双高人群成功的可能性是最高的,比潜质和意愿双低人群高了近9倍。也就是说,要综合考虑人员的发展潜质和发展意愿,才能全面、有效地评估高潜人才(见图5.1.1)。

高潜驱动力
·积极性
·成就
·多样性
·权力导向
·灵活性
·独立自主

高潜因素
·自我学习力
·多视角思考
·人际敏感性
·情感成熟度

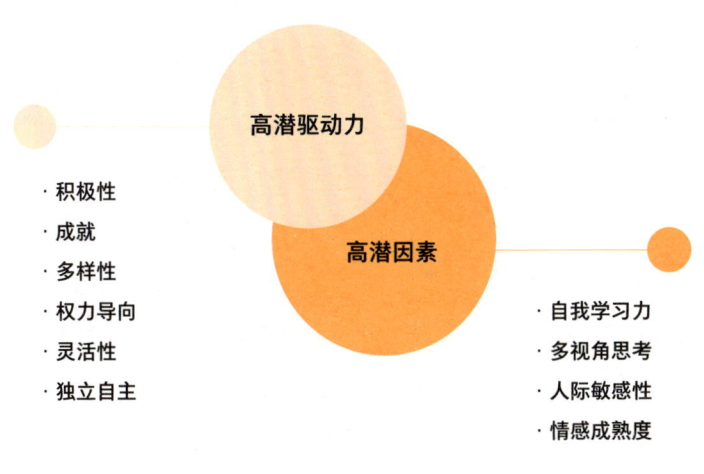

图5.1.1 高潜人才的判断标准

第二节 识别高潜：系统化甄选流程提高准确性和公平性

与大多数公司一样，A公司以往选拔人才主要依据绩效表现、年资等，甚至有时是领导直接拍板，导致选拔流程模糊不清、缺乏准确性和公平性。不可否认，传统的高潜人才识别方式简单易行，能够根据现有人员管理资料进行快速筛选，或根据决策者对业务方向、评估对象的了解快速做出综合判断。然而，无论是客观的绩效数据还是主观的综合评审，本质上都是依据人才过去的、已经体现出来的、在特定情境下的能力来做出判断，对个人意愿、个人发展潜力等不能被直接观察到的潜质层面的关注相当薄弱。在明确高潜人才的判断标准之后，如果没有依靠科学系统的甄选流程，一切都可能徒劳无功。意识到这一点之后，A公司摒弃传统的高潜人才选拔方式，制定了科学系统、公平公正的甄选流程来精准识别高潜人才。甄选流程大致分为两步：一是确定初步筛选的基础性条件，筛选出过往工作中的佼佼者；二是借助科学的测评工具，以数据为依据进一步筛选出高潜人才。

第一步：确定初筛条件、报名和审查

1. 确定初筛条件

A公司人力资源部参考标杆企业的做法，确定了高潜人才的基本条件，作为初步筛选的门槛，包括工作年限、知识技能、绩效、360度评估结果等硬性指标。

2. 自主报名或内部提名

在公司内部发布高潜人才选拔公告后，由员工根据基本条件自主报名或各部门领导进行提名。提名时，不局限本部门人员，也可以跨部门推荐，目的是让一些能力被更多人认可，善于跨组织合作的人才能够脱颖而出。

3. 信息审查

人力资源部根据报名名单和人才库信息对候选人进行严格审查，淘汰不符合基本要求的员工，初步筛选出45名候选人。

第二步：高潜人才评估

完成初步筛选之后，A公司进一步对候选人的发展潜质和发展意愿进行综合评估，确保选出的候选人具备长期发展条件，同时其在主观上也有意愿接受更多的挑战和承担更大的责任。这是整个项目实施过程中的关键点，也是难点。这时需要看得更为长远，把候选人放在可能发生的背景下推测其行为表现。尽管A公司已经明确了高潜人才的核心潜质是高潜因素和高潜驱动力，但是这两者关系到个体内在的一些特质或价值观，所评估的内容大多没有表现出来，需要借助专业的人才测评工具对高潜人才标准进行评估。

1. 通过性格特质来识别潜质

潜质即高潜因素，一般是内隐的、较难被自己或外人发现的，但可以通过人们熟知的"性格特质"来推测。一方面，特质虽然可以暂时被环境塑造，但其本质较难改变；另一方面，随着职业的发展，在面对的环境越来越复杂、压力越来越大的情况下，个体更倾向于用最自然（和其特质一致）的状态去处理事务。相关研究发现，高潜因素和性格特质存在很强的相关性（见图5.2.1）。例如，自我学习力与活力和精确性存在正相关性，与忧虑、条理性存在负相关性。其中，活力与自我学习力有着最密切的关系。活力高的人通常有广泛的兴趣，能同时处理很多事务，这有助于个体在面对不断涌现的新信息时自我学习和提升，接受新的挑战。同样，多视角思考与活力也有极强的正相关性，因为个体跳出自己的舒适区，从一个全新的领域或角度做一些试探性的分析，提出一些全新的见解，需要很高的"活力"。在VUCA时代，跨部门、跨组织合作越来越多，需要大家乐于和他人共事，邀请他人一起参与新项目或新业务，了解自己和工作伙伴之间的合作关系和模式，而不是紧盯着和自己当前利益相关的"一亩三分地"。因此，同理心、信任、利他、乐群性等性格特质对人际敏感性起着重要作用。情感成熟度和个体的责任感、活力以及情绪性指标有一定的关联。在快速变化的环境下，犯错在所难免，情感成熟的人会把错误当作一种资源，他们乐观友善、踏实可靠，不会无视他人的批评，具备较高的自我认知和他人感知能力，能在反馈中不断调整和优化。因此，A公司借助测评工具——大五职业性格测评深入了解高潜人才的内在特质，进而通过性格推测其发展潜质。

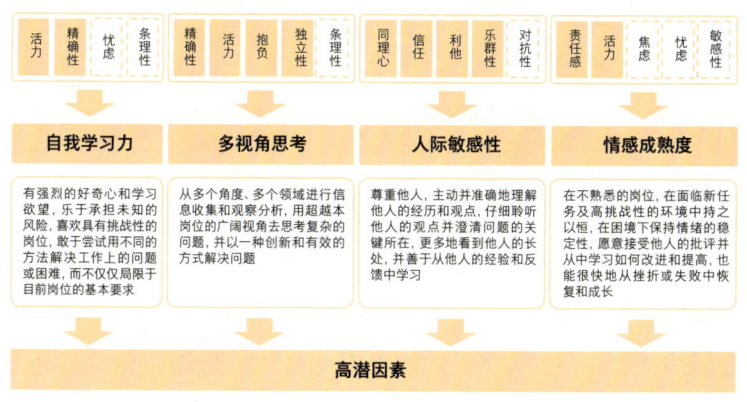

精确性 活力 忧虑 条理性	精确性 活力 抱负 独立性 条理性	同理心 信任 利他 乐群性 对抗性	责任感 活力 焦虑 忧虑 敏感性
↓	↓	↓	↓
自我学习力	**多视角思考**	**人际敏感性**	**情感成熟度**
有强烈的好奇心和学习欲望，乐于承担未知的风险，喜欢具有挑战性的岗位，敢于尝试用不同的方法解决工作上的问题或困难，而不仅仅局限于目前岗位的基本要求	从多个角度、多个领域进行信息收集和观察分析，用超越本岗位的广阔视角去思考复杂的问题，并以一种创新和有效的方式解决问题	尊重他人，主动并准确地理解他人的经历和观点，仔细聆听他人的观点并澄清问题的关键所在，更多地看到他人的长处，并善于从他人的经验和反馈中学习	在不熟悉的岗位，在面临新任务及高挑战性的环境中持之以恒，在困境下保持情绪的稳定性，愿意接受他人的批评并从中学习如何改进和提高，也能很快地从挫折或失败中恢复和成长
↓	↓	↓	↓

高潜因素

注：实框表示正相关，虚框表示负相关。

图5.2.1 高潜因素与性格特质的相关性

2. 通过驱动力来识别意愿

意愿即高潜驱动力，关系到个体比较底层的价值观。通过驱动力测量可以帮助企业去了解，个体被赋予更多挑战对他来说是促进性的刺激还是消极性的负荷。研究发现，相较于一般人才，高潜人才有其独特的驱动力因素，包括积极性、成就、多样性、权力导向、灵活性和独立自主。因为高潜人才普遍具有较高的活力，天生具有对新鲜事物的热忱，对诸多事物愿意广泛参与和拥有充沛的精力，所以不难理解他们大部分喜欢有挑战性、多样性的工作，愿意承担责任，同时思想独立，希望自己不被过多约束（见图5.2.2）。

积极性	成就	多样性	权力导向	灵活性	独立自主
喜欢在压力下工作，愿意在短时间内处理多项任务。	喜欢克服困难，需要通过努力实现目标，并能充分发挥自身才智的工作	喜欢具有多样性、趣味性和刺激性特点的工作	喜欢在工作中能够行使权力、承担责任，所在职位具有影响力	希望工作环境是灵活的、不受规矩约束的	希望能够以适合自己的方式安排工作

↓ ↓ ↓ ↓ ↓ ↓

高潜驱动力

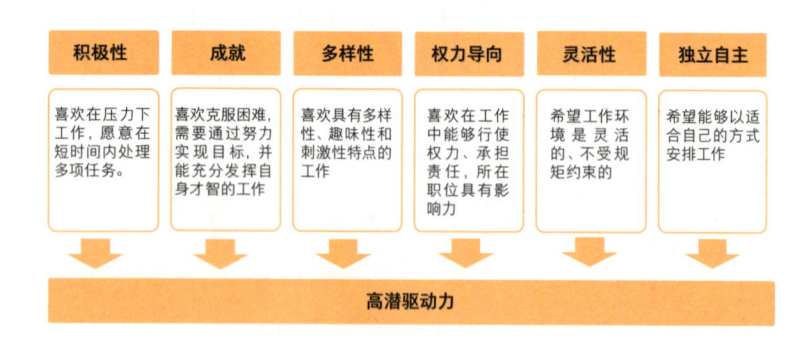

图5.2.2 高潜人才的驱动力因素

驱动力水平较高的个体，在晋升更高职位、接受更大挑战的过程中更可能被激发积极性，产生内在满足感，展现积极的工作状态。驱动力水平低的个体可能只聚焦于眼前，主观上不愿意走出当前的"舒适区"，不愿意去探索新领域和接受新挑战。因此，A公司在识别高潜人才时，会重点评估其在6个驱动力因素上是否处于较高水平，是否与公司所提供的激励环境一致，从而确保未来能够较好地激发个体的积极性，发挥其内在的潜能。

3. 潜质—意愿综合分析

根据高潜因素和高潜驱动力的得分高低，形成高潜识别四宫格。在高潜识别四宫格中，45名候选人在第一象限、第二象限、第三象限、第四象限的分布情况分别是11人、11人、14人和9人（见图5.2.3）。

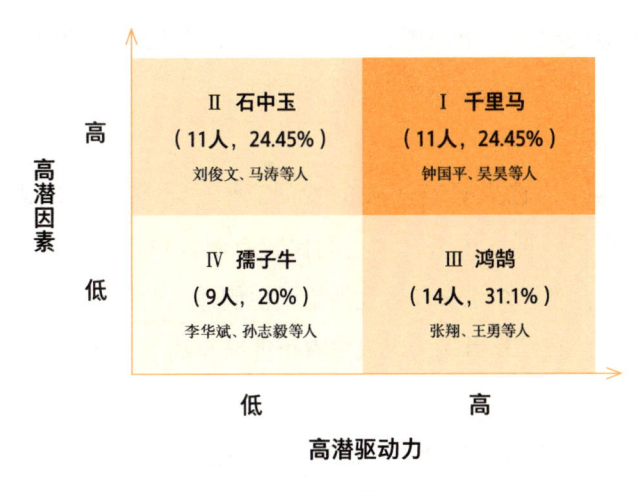

第五章 识别高潜人才 拓展新兴市场

	低	高
高	Ⅱ 石中玉 （11人，24.45%） 刘俊文、马涛等人	Ⅰ 千里马 （11人，24.45%） 钟国平、吴昊等人
低	Ⅳ 孺子牛 （9人，20%） 李华斌、孙志毅等人	Ⅲ 鸿鹄 （14人，31.1%） 张翔、王勇等人

纵轴：高潜因素　横轴：高潜驱动力

图5.2.3　高潜识别四宫格

- **第一象限：千里马**

只有11名候选人既有较高的高潜因素又有较高的高潜驱动力，这11人即为最后甄选出的真正意义上的高潜人才，被称为千里马。这类人一方面具有适应不确定环境的潜质，另一方面乐于接受挑战和追求卓越，成长的空间较大，在当前阶段可重点培养他们，指导他们调整工作方向并接受相关的培训，对其委以重任并不断催化其潜能，让其有能力应对日后开拓海外市场面临的各种挑战。

- **第二象限：石中玉**

11名候选人具有较高的高潜因素，但是主观发展意愿不是很强，不太想担负重任和追求挑战，宁愿做石中隐玉（简称"石中玉"）。这可能是因为A公司现有的激励方案无法满足其需求，或者候选人因家庭等其他原因存在后顾之忧。可以通过访谈深入了解原因，结合11名候选人最关注的驱动力因素，制定有效的激励措施强化其意愿。

● 第三象限：鸿鹄

14名候选人具有较强的发展意愿，心有鸿鹄之志，但潜质水平较低，未来发展空间比较有限。可以进一步留意观察，结合测评结果有针对性地给予他们适当的帮助，提升其关键能力，激发其潜能，未来也有可能跻身高潜人才队伍。

● 第四象限：孺子牛

9名候选人虽然通过了高绩效等硬性指标考核，但测评结果显示他们并不具备高潜能，也没有接受挑战的主观意愿。这类人大多聚焦于把眼前的事情做到最好，兢兢业业，具备较强的执行力，但他们的视野不够开阔，对变动的环境一般不会进行周密的思考，对人际关系的敏感性较低，处理人际关系不像处理事物那样迅疾。因此，这类人在A公司国际化战略布局中担当海外市场开拓重任并出色完成任务的可能性较小，目前还是应该发挥其原岗位优势，稳固国内业务市场。

第三节 结果应用：评估决策，择优选择

在高潜人才项目正式启动之前，A公司高层管理者都非常看好候选人吴昊和张翔。他们俩具有较为相似的背景，都毕业于新加坡国立大学，而且都是绩效精英，连续多年保持高绩效。高层一度难以抉择该选谁作为新加坡市场的负责人。此次高潜人才评估的结果正好可以为用人决策提供参考，解决该选谁的难题。

个案分析：吴昊

1. 人物背景

候选人吴昊是A公司手机事业部产品经理，主要负责了解手机产品的市场动态以及根据市场的变化预判手机产品的未来发展趋势，为生产部门提供设计思路。在A公司任职的3年中，吴昊工作业绩突出，能够很好地预测手机发展的趋势，为改进公司现有产品和开发受市场欢迎的新产品提供了很多具有建设性的意见。

2. 优劣势分析

从高潜识别四宫格来看,吴昊的高潜因素总评为7.2分,潜质处于中上水平,高潜驱动力总评为8.0分,具有较高的发展意愿,处于第一象限,是不可多得的千里马(见图5.3.1)。

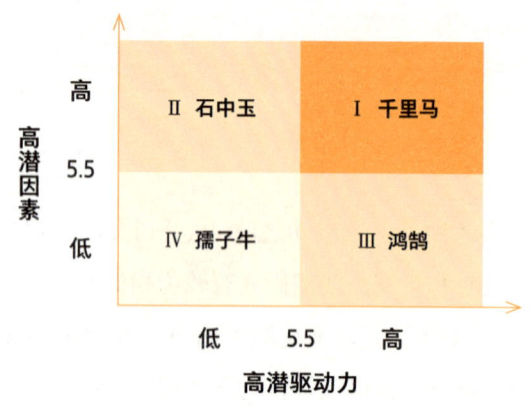

图5.3.1 吴昊的高潜识别结果

进一步分析发现,吴昊的高潜因素中优势占上风,同时存在轻微的劣势。吴昊的优势体现在自我学习力、多视角思考和情感成熟度几个方面,得分均较高,分别为8.0分、7.8分和7.6分,说明其快速学习能力和分析能力强,具有较好的创新意识,同时自信乐观,能够正确看待挫折与压力并不断提升自我获得成长。这些潜质非常有助于吴昊在海外市场拓展中多方位思考问题、根据多样化信息快速做出决策,灵活应对各种不明朗的局面和处理棘手的问题。吴昊的劣势体现在人际敏感性,得分相对较低,为5.4分,并且从他的下属、其他同事的反馈中也能看出他在团队合作中存在一些小问题,说明其可能在理解他人、聆听他人等人际沟通方面有所欠缺，不善于觉察他人的感受，倾向于坚持自己的想法。这对于团队凝聚力和跨地域、跨文化沟通合作可能存在一些阻碍，不利于推动团队工作开展，需要稍加关注和引导。事实上，吴昊的这些特点在他的性格测评中都有所体现。大五职业性格测评结果（见图5.3.2）显示，他是一个非常具有活力的人，在精确性、对抗性和独立性上的得分较高，在情绪性（焦虑、忧虑、敏感）上的得分较低，在宜人性（同理心、信任、利他、乐群性）上的得分一般。

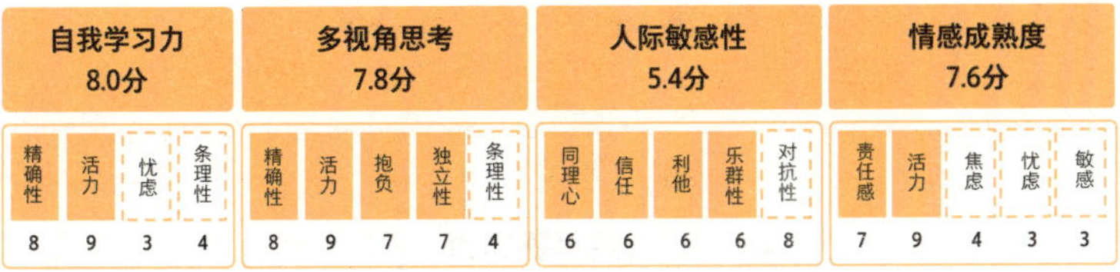

自我学习力 8.0分				多视角思考 7.8分					人际敏感性 5.4分					情感成熟度 7.6分				
精确性	活力	忧虑	条理性	精确性	活力	抱负	独立性	条理性	同理心	信任	利他	乐群性	对抗性	责任感	活力	焦虑	忧虑	敏感
8	9	3	4	8	9	7	7	4	6	6	6	6	8	7	9	4	3	3

图5.3.2　吴昊的高潜因素得分情况

个案分析：张翔

1. 人物背景

候选人张翔于5年前本科毕业后进入A公司，从基层销售员做起，凭借自己的努力，在手机线下门店的工作业绩始终保持领先水平，因此，逐渐受到领导关注，很快被提拔为门店的店长。去年，张翔更是超额完成销售任务，创下了该门店有史以来最佳的销售业绩，被晋升为所在区域市场部经理。这次高潜人才选拔，张翔跃跃欲试，同事和上级对他的呼声也很高。

2. 优劣势分析

从高潜识别四宫格来看,张翔虽然高潜驱动力总评为8.2分,具有较强的发展意愿,但是高潜因素得分只有5.4分,处于第三象限(见图5.3.3)。因此,在此次选拔中未能进入高潜人才队伍。

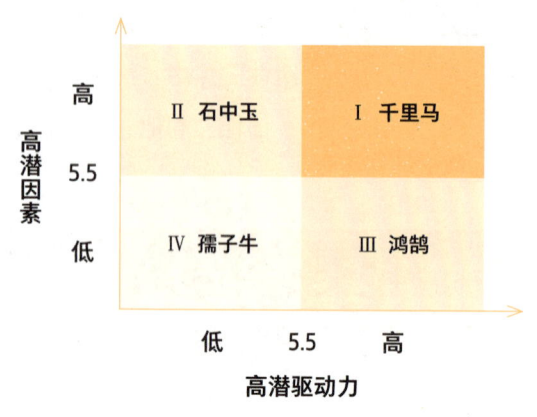

图5.3.3 张翔的高潜识别结果

进一步分析发现,张翔的高潜因素中具有明显的优劣势。张翔的优势体现在自我学习力和人际敏感性具有不错的表现,使得他能够快速学习熟悉领域中的业务知识,并以客户为导向,准确理解客户需求,从而取得卓越的销售业绩。张翔的劣势体现在多视角思考和情感成熟度,得分均较低,处在纷繁复杂的国际市场环境中,这些劣势会成为他发展的绊脚石。缺乏多视角思考能力的张翔,在未来工作中可能会局限于有限的信息,忽视市场环境的差异,对于未知的机遇和陷阱反应不够灵敏,继续停留在自己熟悉的领域,沿用旧的营销策略和渠道；情感成熟度低则说明张翔的情绪不够稳定，抗压能力不强，在不熟悉的岗位和面临高挑战时可能会出现挫败感，一旦遭遇失败、失去原有的光环，则会进一步怀疑自己的能力。从大五职业性格测评结果（见图5.3.4）上来看，张翔在活力、精确性和宜人性（同理心、信任、利他、乐群性）上的得分较高，精力充沛，有干劲，乐于帮助他人；但同时他在条理性、情绪性（焦虑、忧虑、敏感）上的得分也比较高，缺乏灵活应变的能力，对于不确定的事物不够积极乐观。

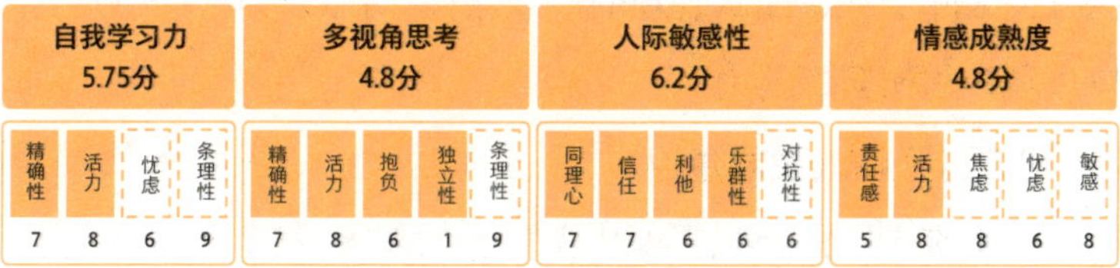

自我学习力 5.75分	多视角思考 4.8分	人际敏感性 6.2分	情感成熟度 4.8分
精确性 7 / 活力 8 / 忧虑 6 / 条理性 9	精确性 3 / 活力 4 / 抱负 6 / 独立性 1 / 条理性 9	同理心 7 / 信任 6 / 利他 6 / 乐群性 6 / 对抗性 3	责任感 5 / 活力 8 / 焦虑 8 / 敏感 8

图5.3.4　张翔的高潜因素得分情况

发展建议

从吴昊和张翔的综合评估结果来看，吴昊是A公司新加坡负责人的最佳人选。值得注意的是，甄选出高潜人才后并非一劳永逸，关键还在于如何培育人才和用好人才。最明智的培养方式应该是因势利导，制订个性化的培养计划。此外，对于暂未进入高潜人才队伍的候选人，并不意味着放弃他们，可以对他们多加留意和观察，帮助其发展关键能力。

1. 对吴昊的发展建议

针对吴昊的优势和驱动力，在对其未来发展的培养中，可以通过变化、多元的环境进一步激发他的潜能，调动他的工作积极性。比如，给予吴昊足够的灵活性和权力，多让他自主孵化一些具有挑战性的新项目，充分利用其学习能力、创新能力和对市场敏锐的触角等先天优势，让其为A公司创立更多优质的自主品牌和为开拓新加坡市场做好充分准备。

针对吴昊的劣势——人际敏感性问题，可以安排他参加自我觉察工作坊，使其能够正确认识自我，意识到自己在人际沟通方面存在的问题，从而不断完善自我；同时，为他制定一些有关人际交往、团队管理的培训课程，有效提升其人际沟通技巧和带领团队的能力。

2. 对张翔的发展建议

针对张翔的劣势，可以从发展的难易程度和紧迫性入手，优先发展最容易提高且最具紧迫性的能力，从而有效保证员工和企业以最少的精力取得最大的收获。一般而言，在个体发展后期形成的管理业务方面的能力比较容易发展，而个体发展早期形成的管理自我方面的能力比较难发展。因此，可以优先发展张翔多视角思考方面的能力，安排他参加批判性思维、思维导图课程，学习一些对工作有帮助的思维工具和技巧；通过安排丰富多样的工作任务或进行岗位调动让他多接触其他业务，了解其他部门的工作，站在不同的角度去观察、分析问题，逐渐树立起全局观，提升应对复杂局面的能力。情感成熟度更多地和管理自我方面的能力相关，关系到个体早期的成长经历，发展起来相对困难，可后续慢慢培养。

第六章

应用大五人格模型 靶向发展人才

第一节 测训一体化，找准人才发展关键

本节以M公司如何在快速发展过程中解决管理人员发展问题为案例，来说明如何通过测训一体化找准人才发展关键。

一、案例背景

M公司是一家正在快速发展的游戏公司，凭借优秀的游戏软件获得众多用户的喜爱，业务规模不断扩大，除了软件产品，还勇敢地进军硬件领域。随着公司业务的不断发展，M公司的员工队伍不断壮大，但也逐渐暴露出一些问题。

互联网企业的管理人员大部分是从表现优秀的技术人员中晋升上来的，M公司也不例外。公司业务要不断发展，只有实力过硬的个人是远远不够的，团队的整体生产力才是最重要的，要让团队成员都能获得高绩效，就需要优秀的管理人员。M公司的技术人员从个人贡献者到项目组负责人，或者摇身一变成为经理级别的管理人员，他们作为管理人员的不足之处开始暴露，M公司以往实施的领导力提升项目的效果不尽如人意。总结起来，M公司主要面临三大人才发展困境。

1. 企业快速发展过程中人才补充的速度与人才质量不平衡

M公司业务快速扩张，为跟上公司发展的速度，员工数量必然增加，这也意味着M公司需要比以往更多的管理人员。要快速补充管理人员，除了外部招聘，内部提拔也是M公司采取的主要方式。然而，这些被提拔上来的管理人员在领导力方面还存在许多需要提升的地方。

2. 专业技术能力与软性领导力不平衡

技术人员出身的管理人员存在一个共同的问题，就是非常看重专业技术能力，而忽略了软性领导力的重要性。他们很注重在专业技术方面的提升，认为只有自身具备优秀的专业技能，才能带领好同样专业性很强的团队。对于公司以往的领导力培训项目，管理人员参与的积极性普遍不高。虽然专业技术能力非常重要，但是管理人员也需要注意保持其与软性领导力的平衡关系。

3. 面授培训课程的可应用性不强

过去，M公司不仅会为管理人员购买一些领导力提升方面的课程，还会在培训后邀请参加的管理人员填写课程满意度和有效性调研问卷，近50%的参与者表示培训内容与他们在实际管理工作中面对的问题不相符，培训内容的可应用性不强。这与培训课程缺乏有针对性的内容有关，没有从M公司管理人员的实际情况出发，只是盲目地教授领导力的知识和技巧，无法帮助他们解决问题。

针对以上三大困境，M公司意识到需要构建全方位、有针对性的人才发展和培养机制，帮助管理人员克服转型困难的问题，使他们顺利过渡为优秀的管理者，这是企业扩张发展中的重要一步。

二、人才发展方案

M公司在外部专业顾问的协助下，制订了一份帮助35名中层管理人员发展的"测+训"一体化解决方案（见图6.1.1）。

困境	"测+训"一体化解决方案
企业快速发展过程中人才补充的速度与人才质量不平衡	大五职业性格测评：·通过大规模数据测试，基于常模数据分析开发 ·适用于人才发展的各个方面
专业技术能力与软性领导力不平衡	自我觉察工作坊：·认识自身优劣势 ·激发自我提升的积极性 ·为后面的针对性培训奠定基础
面授培训课程的可应用性不强	行动学习培训：·找出现阶段的能力提升项 ·在实践中形成可靠的经验与技能 ·避免填鸭式授课方式

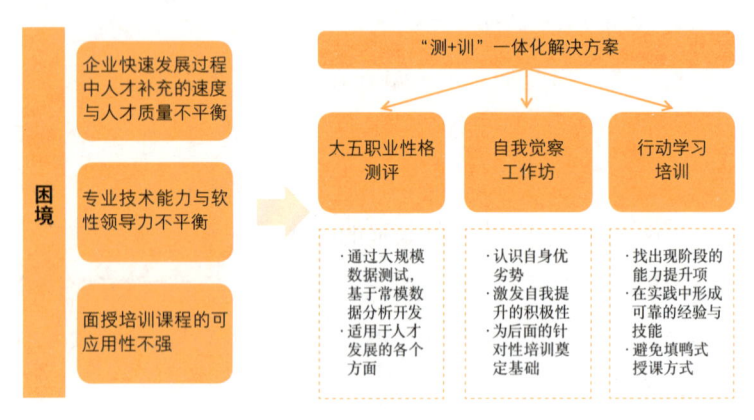

图6.1.1　M公司"测+训"一体化解决方案

首先在M公司中层管理人员中开展测评，使用的测评工具是大五人格职业测评，通过科学的测评结果揭示管理人员的性格特点和能力特点，帮助他们了解自己、找到自身的优劣势。

完成测评后，拿到报告的中层管理人员对自己有了初步的认识。为让中层管理人员更加深入地认识自己，M公司决定选择自我觉察工作坊来帮助他们踏出成长的第一步。自我觉察工作坊是根据人才发展的"3A理论"开发的课程，以案例讲解、互动游戏等多种形式进行，帮助参加者加深自我认识，激发管理者在软性领导力方面自我提升的积极性。中层管理人员在完成自我觉察工作坊的课程学习后，再由专业的第三方顾问结合测评结果与实际工作情况，提供更个性化的一对一反馈，帮助中层管理人员强化自我认知，有针对性地提升能力弱项，同时能更好地激发这些管理人员自我提升的积极性。

最后一步是制订科学、可落地的培训发展计划并执行。M公司中层管理人员需要提升的能力各式各样，但时间和资源是有限的。因此，要结合M公司的业务发展现状、行业现状，按优先级别、紧迫程度、难易程度来划分中层管理人员需要提升的能力，制订培训发展计划。7-2-1学习法则认为，70%的经验来自工作中的学习，中层管理人员应把学到的知识应用到工作中，边实践、边学习、边总结，在实践中不断调整，形成可靠的经验与技能。调研表明，M公司中层管理人员认为，过去使用过的培训方式中行动学习是最有效的方法之一。因此，M公司依据测评结果制订培训发展计划时，决定以行动学习为主要培训方式来提升中层管理人员的待发展能力。

第二节 开展自我觉察工作坊,加深自我认识

一、理论基础

有别于注重讲授能力技巧的面授培训课程,自我觉察工作坊是基于人才发展的"3A理论""诊断式靶向提升"的指导思路,发展出的"测+训"一体化人才培养方案,运用最精准的方式,解决人才培养问题(见图6.2.1)。

图6.2.1 人才发展的"3A理论"

人才发展的"3A理论"中的3A是指建立意识（Awareness）、接受现状（Acceptance）、采取行动（Action）。成人发展是遵循一定规律的，首先需要意识到自己的不足，其次需要接受自己的不足，才能真正激发学习意愿，迈开步子做出改变。

所谓"测+训"一体化是指根据培训前测评的结果，帮助管理者选择培养的侧重点，而不是盲目地参加培训，学习一些和实际工作、管理面对的问题不相符的课程。

二、场地

一场自我觉察工作坊以20~30人为宜，本次M公司人才发展项目共35人，因此仅安排了一场自我觉察工作坊。

由于自我觉察工作坊包含游戏、小组互动等环节，所以选择了能够让35人舒展活动，可以移动现场桌椅的大型多媒体会议室作为活动场地。

三、流程

如图6.2.2所示，自我觉察工作坊的主要流程有四个。

破冰游戏 → 大五维度讲解 → 报告讲解和学员分享 → 团队工作环+分组对抗

图6.2.2　自我觉察工作坊流程

1. 破冰游戏

自我觉察工作坊从破冰游戏"我是谁？"开始。在破冰游戏中发现M公司的中层管理人员相互了解程度比较低，借此引出自我觉察工作坊的目的：让大家自我觉察并相互了解，营造相互了解、相互信任的团队氛围。

2. 大五维度讲解

要了解大五人格，就需要先了解什么是性格。自我觉察工作坊会从心理学的角度给学员们讲解什么是性格，统一大家的认识，从而让大家更好地理解什么是大五人格。自我觉察工作坊还会介绍大五人格职业测评的计分方式，让学员们试着在大五人格的五个维度的学习过程中给自己打分，看看学员们对自我的认识和实际性格是否存在差距。

讲师会详细地讲解大五人格的五个维度，并以具有典型特征的名人为例，运用生动的图片（见图6.2.3）、视频等进行解释，让学员们更容易理解每个维度的性格特点。

善待宜人性高的同事！！！

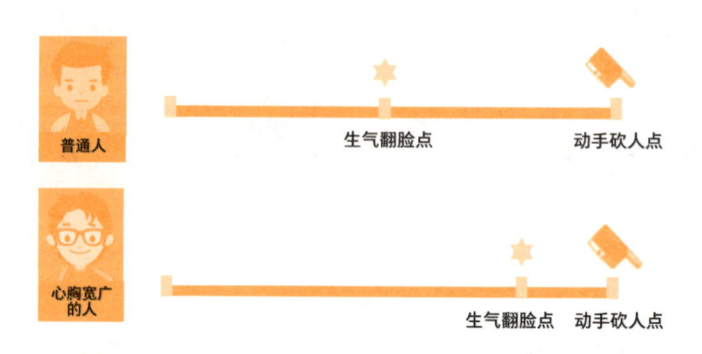

图6.2.3　讲师讲解宜人性时运用的幽默卡通图样

每讲完一个维度，讲师都会让学员们试着在大五人格的雷达图上标注自己的分数，最后把五个得分连起来，得到自己的大五人格性格画像。

3. 报告讲解和学员分享

在学员充分理解大五人格的五个维度后，讲师就会向学员们分发他们的大五职业性格测评报告，让他们与自己描绘的大五人格性格画像进行对比。

有些学员在接到测评报告时大吃一惊，因为测评报告中的性格特点与其对自己的认识有比较大的出入，这让他们感到非常不解和迷茫。比如，学员陈良分享了他的大五职业性格测评结果（见图6.2.4），他是一名进取性得分很高的中层管理人员，事业心强且雄心勃勃，他对自己的想法非常坚定，不容易被他人动摇，而且不回避问题和挑战，乐于进行"正面交锋"。陈良本来没有想到自己的进取性这么高，他给自己的估分只有5分左右，这让他对自己工作中的表现有了反思，比如，已经离职的下属向他反馈他是一个不太喜欢听取别人意见的上司，但他一直不以为然，觉得自己并没有下属说得那么独裁。另外，陈良的情绪性得分也超出了他的预估。陈良认为自己的情绪并不是特别稳定，但没想到情绪性得分高于5分。这一次的测评结果刷新了他对自己的认识，也让他认识到他在工作中的表现与他的性格有很大关系。

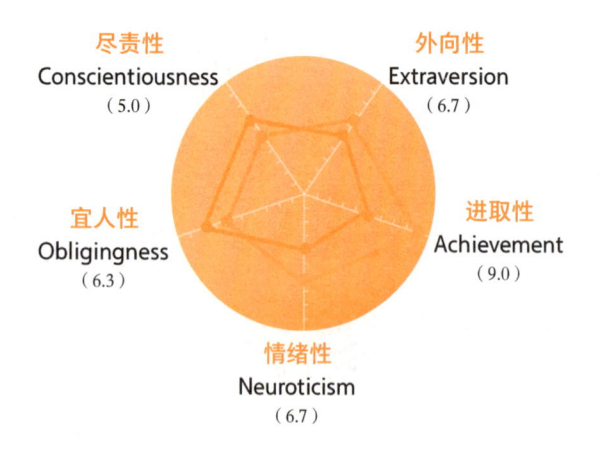

尽责性
Conscientiousness
（5.0）

外向性
Extraversion
（6.7）

宜人性
Obligingness
（6.3）

进取性
Achievement
（9.0）

情绪性
Neuroticism
（6.7）

图6.2.4　陈良的大五职业性格测评结果

（黑色为自评分数，灰色为测评结果）

　　也有很多学员觉得结果很准，和自己预估的相差无几。学员李红分享了她的大五职业性格测评结果（见图6.2.5），她的尽责性得分非常高，她在工作上一直坚持高标准，做事比较有条理，倾向于遵从既有的规则、制度，根据事实及数据做决策，多数情况下会考虑潜在的问题和风险，做事有始有终，严守个人的行为准则。虽然李红的工作非常出色，但她过于拘泥于程序规则和细枝末节，下属有时觉得她有点儿苛刻和死板，李红为此感到很困扰，不知道应该怎么办。

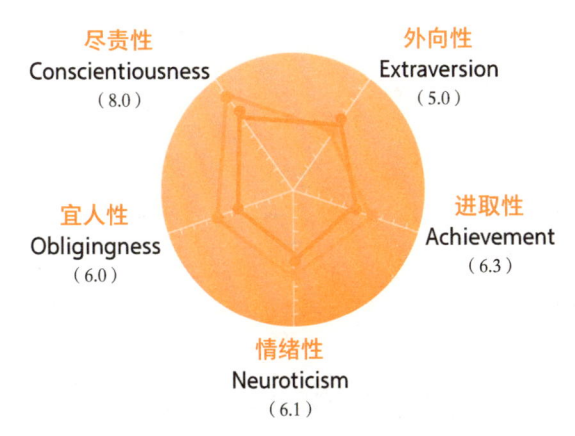

尽责性
Conscientiousness
（8.0）

外向性
Extraversion
（5.0）

宜人性
Obligingness
（6.0）

进取性
Achievement
（6.3）

情绪性
Neuroticism
（6.1）

图6.2.5 李红的大五职业性格测评结果

（黑色为自评分数，灰色为测评结果）

4. 团队工作环+分组对抗

当一群人作为一个团队在一起工作时，会面对共同的任务，需要一起努力完成团队目标。为实现目标，团队需要经历八个阶段，这些阶段相互影响、循环往复，形成团队工作环。每个团队成员对团队工作都有着独特的贡献，这些独特的贡献与每个人的性格息息相关。

讲师给学员们讲解团队工作环（见图6.2.6），让学员们了解自己在哪个工作环节具有优势或劣势，也让他们明白团队搭配的重要性。

承受压力
控制情绪,即使在困难环境下,保持乐观,心情可以快速恢复;很少受到压力影响

交付成果
工作有系统性、有方法;遵守时间表;工作产出高质高效

团队凝聚
团队成员愿意自我调整以适应团队需要,富有团队精神;积极沟通、聆听、支持和关怀他人

人际网络
在企业内外创建广泛、有效的关系网络;知道如何更好地运用团队内外部的资源

探索可能
产生新想法或新方法;考虑一系列与任务或项目有关的问题

评估方案
探究进一步的信息以更好地理解问题;根据可用信息做出合理判断;评估想法以确定项目可行性

设定方向
为他人提供明确的指示;激励和授权他人;根据团队成员的绩效水平分配任务

采取行动
发起和推进活动,团队成员能够自发采取行动、承担责任

中心:**团队工作环** （8、1、2、3、4、5、6、7）

图6.2.6　团队工作环八个阶段

为了让学员们更加深刻地理解性格与团队工作环八个阶段,以及不同团队组合带来的影响,讲师会组织大家做一个游戏——智力过三关。游戏以分组对抗的形式进行,将所有学员分成A、B两队,每队选出一位领导,每位领导选一名棋手,每名棋手选三名棋子。游戏开始前,两队按图6.2.7中展示的方式排好棋子;双方棋子在棋手的指挥下轮流移动,一次只能挪动一步;任何一队棋子排成一条直线(横、竖、斜均可),同

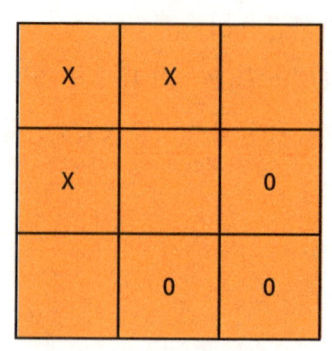

X	X	
X		O
	O	O

图6.2.7　棋子起始位置说明

时举手示意即取胜。棋子之间、旁观者与棋子之间均不可有互动和交流，否则判输；输赢的唯一解释权归裁判。

游戏开始后，A队的执行力比较强，风风火火地先赢了一局，队员们都觉得这个游戏没有什么难度，即使在每局开始前有三分钟的讨论时间，他们也没有做太多的分析，只关注一些比较表面的问题；B队虽然开局不利，但他们在讨论时间里一直思考这个游戏的目的是什么、关键点是什么，还向主持人询问规则问题，因而渐入佳境。这个游戏的规则是五局三胜，在2∶2打平的情况下，B队赢得第五局的对抗，获得了最终的胜利。

这两支队伍各具特色，从团队工作环的角度来分析，A队的执行力比较强，在采取行动、交付成果、承受压力方面比较有优势，但在评估方案、设定方向方面比较弱（见图6.2.8）。因此，A队在对抗中缺乏分析、总结和评估，导致错失先胜的优势。

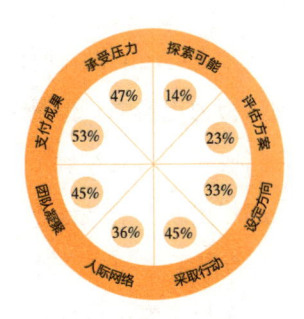

图6.2.8　A队团队工作环

注：图中百分比代表团队在工作环各个阶段中处于优势水平的成员占比。

B队虽然在交付成果、采取行动方面稍逊一筹,但在评估方案、探索可能和设定方向方面比较有优势(见图6.2.9),因此能够在开局不利的情况下,总结规律,找到了游戏的关键所在,也充分利用了讨论时间询问主持人一些关于规则的问题,最后获胜。

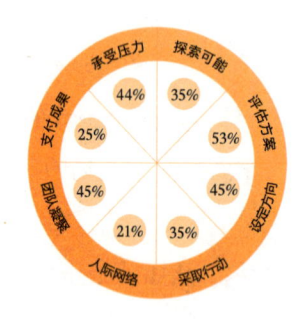

图6.2.9 B队团队工作环

注:图中百分比代表团队在工作环各个阶段中处于优势水平的成员占比。

最后,讲师邀请游戏中的领导、棋手、棋子做了简单的分享。

A队的领导:"因为这是在下棋,所以我选择了逻辑能力较强的棋手,棋子的执行力也挺强,但是大家都忽略了对游戏的思考,就真的把它当成一个游戏在玩了。我应该更多地鼓励大家寻找新方法,一起找出游戏的关键点。"

B队的棋手:"因为棋子之间、旁观者与棋子之间均不能有互动和交流,这就需要棋子有很好的执行能力。我就按照我对大家的认识,选择了我认为执行力强的人。虽然我们一开始输了一局，但是大家都比较乐于思考，'吃瓜群众'也不例外，感谢跑来跑去询问主持人各种问题的同志们。"

A队的棋子："我感觉我们的棋子都太乖了，完全只顾着执行。我们不应该把想策略的工作全都压在其他人身上，但是这个游戏还是玩得很开心，也受到了很多启发。"

第三节 对标标杆企业，找准发力点

倍智人才研究院通过在中国企业中进行大规模测试，建立了大五人格各个子维度与能力之间的相关数据库。通过大五人格的测评结果可以有效预测能力水平，达到大五职业性格测评与能力模型的无缝衔接。因此，参与了大五职业性格测评的中层管理人员不仅能够了解自己的性格特点，还会得到自身潜能的测评结果。

如图6.3.1右侧图所示，测评者在影响式沟通、高效执行、学以致用上得分高，在客户导向上得分低。

如图6.3.1左侧图所示，测评者在进取性和外向性上得分

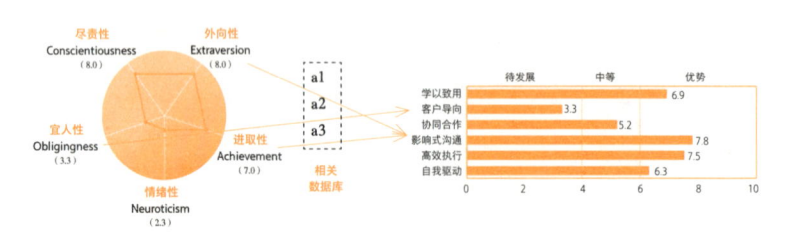

维度	待发展	中等	优势
学以致用			6.9
客户导向	3.3		
协同合作		5.2	
影响式沟通			7.8
高效执行			7.5
自我驱动			6.3

尽责性 Conscientiousness (8.0)
外向性 Extraversion (8.0)
宜人性 Obligingness (3.3)
进取性 Achievement (7.0)
情绪性 Neuroticism (2.3)

图6.3.1 大五职业性格测评链接能力模型示例

高，说明其能快速产生想法并影响他人，在能力模型上表现为影响式沟通水平高；在宜人性上得分低，说明其很少站在他人的角度思考，在能力模型上表现为客户导向水平低。

基于35名中层管理人员能力模型的结果，M公司对他们做了一次团队发展分析，并且进行了行业对标，总结现阶段中层管理团队的优劣势，以便在培训发展阶段针对团队劣势进行提升。

中层管理人员能力模型包含五大指标，即追求卓越、全局意识、组织协调、塑造高绩效团队、系统性解决问题，全面覆盖中层管理人员的工作能力要求。

M公司高层意识到在竞争激烈的市场环境中，只关注企业内部人员的能力结果是不够的，他们希望知道这些中层管理人员在整个行业中处于什么位置，因此，专业顾问推荐他们使用行业对标服务。同时，M公司处于快速发展阶段，已经跻身二线企业，专业顾问建议其对标一线标杆企业中层管理人员的能力数据，以便更好地制订培训发展计划。

M公司与标杆企业中层管理人员能力对比结果如图6.3.2所示。通过与标杆企业的对比，下面从M公司中层管理人员需要追赶的能力、能够成为突破点的能力、需要保持的能力三个方面进行分析。

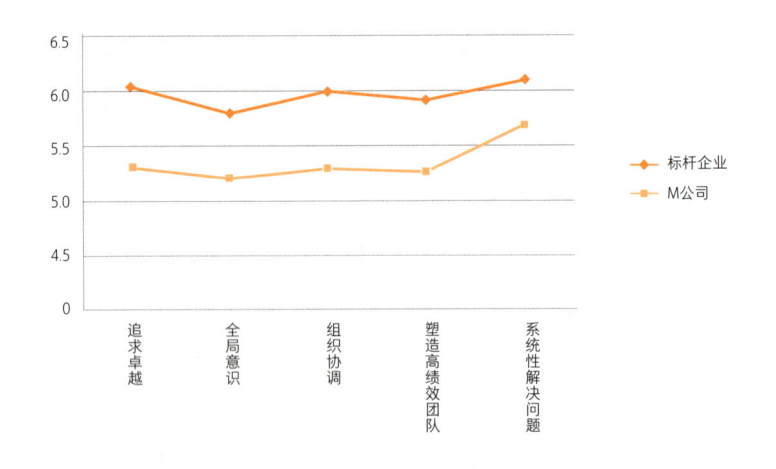

图6.3.2　M公司与标杆企业中层管理人员能力对标图

1. 需要追赶的能力

M公司的中层管理人员与标杆企业的中层管理人员相比，有三项能力的差距比较大，分别是追求卓越能力、组织协调能力和塑造高绩效团队能力。标杆企业的中层管理人员有更明确的职业目标，并且积极地为实现目标、得到最好的成果而努力，能够在组织内外更好地协调人脉资源，并且更善于调用下属，乐于授权，推动下属的职业发展，营造良好的工作氛围，从而实现团队效能最大化。M公司的中层管理人员想要上一个台阶，需要在这三项能力上有所提升。

2. 能够成为突破点的能力

M公司和标杆企业的中层管理人员在全局意识上的得分都比较低，这说明全局意识是互联网行业中层管理人员共同的弱项，如果M公司的中层管理人员能够在这个弱项上超过其他企业,能够更好地协调内部资源,高度整合并充分利用,更清晰地掌握各种人和组织的运作方式,利用各种渠道来完成工作,会是很关键的突破点。

3. 要保持的能力

值得注意的是,M公司的中层管理人员在系统性解决问题的能力上与标杆企业的中层管理人员相差最小。这说明技术人员出身的中层管理人员在逻辑思维、问题分析和决策上比较优秀,与标杆企业的中层管理人员之间的差距较小。因此,M公司的中层管理人员必须在系统性解决问题的能力上保持高水平,并努力超越标杆企业。

总的来说,结合M公司的业务情况、可用的资源、能力发展的难易程度和紧迫程度,专业顾问建议通过行动学习重点提升的能力项是:追求卓越、全局意识、组织协调和塑造高绩效团队。

第四节 一对一反馈，个性化辅导

M公司35位中层管理人员在参加了自我觉察工作坊后，对自己的性格有了更深入的认识，也达到了相互了解的目的。为了让这些中层管理人员能够更好地把性格和工作中遇到的问题结合起来，M公司请来专业咨询顾问给他们做一对一反馈，并针对他们的问题给出相应的建议，帮助他们提升领导力。

下面是咨询顾问在一对一反馈中遇到的六个比较典型的案例，希望大家可以从中得到一些启发。

案例一：总是亲力亲为并不是好事

一、背景信息

李爱薇原来是××公司技术部的一名优秀员工，她对技术工作以及创造性地解决问题有很大的满足感和成就感，写的代码质量也非常高，在开会时，上司经常表扬她工作细致、一丝不苟。

最近，李爱薇的上司被调到其他分公司担任要职，她也因为技术过硬、表现优秀被提拔到了经理的位置上。但是，没过多久，李爱薇就感受到了压力，因为她带领的团队出现了一些问题，因此××公司为了让新任经理们适应新的岗位，请来了咨询公司对他们进行领导力发展项目培训。李爱薇在参加完自我觉察工作坊之后，得到了咨询顾问一对一的辅导，让她在认识自我的同时，意识到发生管理问题的原因，明确了今后的改进方向。

二、问题描述

通过收集李爱薇本人以及她的下属和上级的看法，可以更深入地了解发生管理问题的原因，下面从三个角度描述她目前面临的问题。

李爱薇说："在技术领域我可是专家，以前无论什么难题都是我解决的。现在，我虽然被提拔成部门经理了，但并不觉得开心。每天都有很多员工来找我，分配给他们的工作他们没有好好做，还要我帮他们擦屁股，这样还不如一开始我自己做来得省心。他们的能力实在是不怎么样，有时我真的太忙了，虽然事情不能都由我亲自去做，但是我也得时时刻刻地盯着他们，不然工作很容易出错。现在，他们对工作一点儿都不上心，没有一点儿积极性，真不知道该拿他们怎么办。"

李爱薇的下属说："李爱薇以前确实是我们部门的技术专家，代码写得很溜，但是她现在是经理了，还老是插手我们的事，自己把活儿都揽起来干，就算是一些很常规的工作，也一直盯着我们，要我们每天汇报工作进展，把工作流程制定得很细、很死。虽然我们的技术水平没有她高，但也不至于连这些常规工作也做不好吧，以前我们就是这么工作的，也给公司做出了很多贡献。现在李爱薇把我们当成什么了，这让我们怎么受得了啊！既然她这么牛，就让她自己干去吧，我们啥都不干算了。"

李爱薇的上司说："爱薇是这里的资深员工了，技术水平很高，以前她的上司就经常夸她，在他要调到其他分公司去时还特意向我推荐爱薇做接班人。但是，现在看来，爱薇还是没有搞明白自己的角色和职责意味着什么，对下属管得太多，还和下属抢活儿干，导致下属的不满情绪非常高。以前还有人向我投诉爱薇，现在渐渐少了，但好像并不是因为情况有所改善，而是他们都消极怠工了。这样下去，整个部门会遇到很大的危机，必须采取措施来帮助爱薇适应经理岗位。"

根据以上资料，可以发现李爱薇目前面临的问题主要有以下几点。

①无法放弃个人过往的成就，以对自己的高标准来衡量下属。

②角色转型失败，仍然把自己定位为一般员工，冲锋在第一线，不清楚管理者的职责，缺乏授权意识。

③与管理层相匹配的管理技能和管理理念尚未建立，过多的微观管理打击了下属的工作积极性。

三、原因分析

通过自我觉察工作坊，可以发现李爱薇出现以上问题的性格原因。李爱薇的大五职业性格测评结果如图6.4.1和图6.4.2所示。

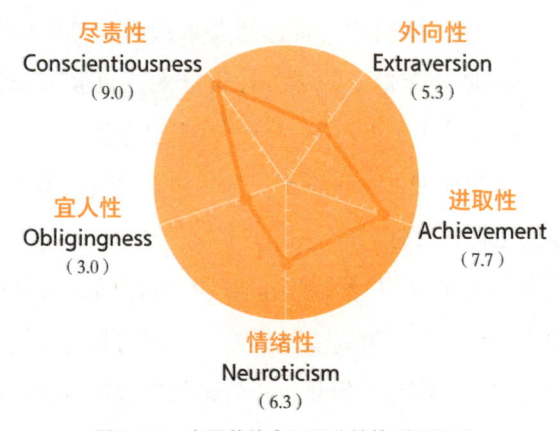

尽责性 Conscientiousness（9.0）
外向性 Extraversion（5.3）
宜人性 Obligingness（3.0）
进取性 Achievement（7.7）
情绪性 Neuroticism（6.3）

图6.4.1　李爱薇的大五职业性格测评得分

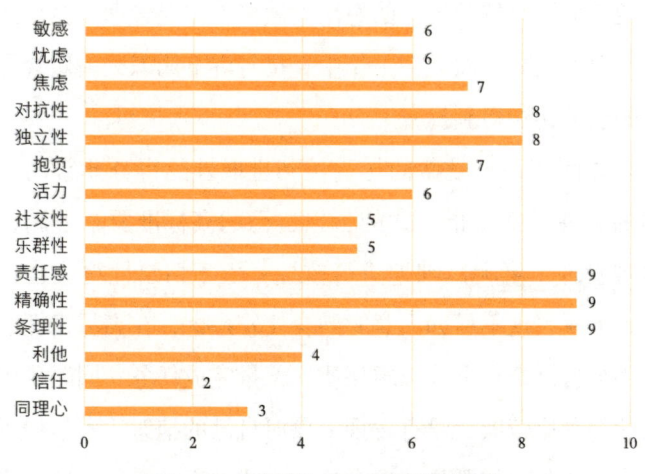

维度	得分
敏感	6
忧虑	6
焦虑	7
对抗性	8
独立性	8
抱负	7
活力	6
社交性	5
乐群性	5
责任感	9
精确性	9
条理性	9
利他	4
信任	2
同理心	3

图6.4.2　李爱薇的大五人格子维度得分

267

从李爱薇的大五职业性格测评结果中可以看出她的尽责性得分非常高，进取性和情绪性得分也比较高，但她的宜人性得分偏低，外向性得分也处于一般水平。

李爱薇的尽责性得分非常高说明她是一个自控能力较强的人，对条理性、精确性、责任感要求很高，总能按时完成工作任务。但是，李爱薇的尽责性得分太高也会带来负面影响，比如，过于注重细节，事无巨细都自己包揽，这在管理上会导致过于微观管理，无法真正做到授权，同时，监控过严会打击下属的工作积极性。

李爱薇的进取性得分高说明她具有目标感，有自己独立的想法和意见，而且不容易受他人左右，同时具有对抗性，对自己的能力非常有信心。但是，李爱薇的进取性得分过高也会带来负面影响，比如，她给人的感觉太强势和专制，不肯听取他人的意见，只按照自己的想法去做事。这在管理上会导致对下属的要求太高，而且在工作中直接告诉下属怎么去做会导致下属的能力无法得到提升。

总体而言，李爱薇的尽责性和进取性的得分非常高，所以她的管理风格是指令式的，以自己的高标准要求下属，喜欢微观管理，事无巨细地进行监控；由于情绪性得分也比较高，当下属表现不尽如人意时她会比较焦虑，在高尽责性的作用下还会自己亲自上阵以求保质、保量完成任务，同时，因为宜人性得分比较低，没有发现下属对自己的抱怨，不信任下属的能力，还是一如既往地按自己的方式做事。正是这些行为导致她的管理出现了问题。

四、建议

1. 尽快转变角色，承担起相应的管理职责

李爱薇虽然被提拔到了部门经理的位置上，但是她的观念没有转变过来，依然习惯自己冲锋陷阵，在第一线做具体的工作，对于一位管理者来说，这是不应该的。处于这个层级的管理者应该承担起自己的管理职责，把时间用于帮助他人、制订计划、教练辅导和类似的工作，而且必须把帮助他人完成任务作为自己取得成功的关键。因此，李爱薇要尽快按照新的岗位要求进行自我调整，转变工作理念与工作方式。

2. 建立合适的管理风格和领导理念，减少微观管理

虽然没有哪种管理风格是最优的，但李爱薇应探索出适合自己和下属的管理风格。微观管理会使下属缺乏工作自主性，无法发挥主观能动性，还会严重挫伤他们的工作积极性，这是不可取的。李爱薇应该尝试抓大放小，学会授权，信任自己的下属，并给予他们及时的辅导和反馈，帮助他们成长。

案例二：前任上司的阴影

一、背景信息

郑宜原来是××公司人力资源部的一名员工，她平易近人、乐于助人，与周围同事的关系都处得不错。郑宜虽然平时比较低调，但工作努力，绩效也不错，上司对她一直有所关注。

因为一个难得的机会，郑宜的上司突然跳槽了，虽然他推荐郑宜接替自己的位置，但郑宜觉得自己的能力所还有欠缺，而且资历尚浅，不能胜任这个职位。可是上司很快就离开了××公司，别无选择的郑宜只能匆忙上阵。如今三个月过去了，郑宜和她的团队之间的问题渐渐暴露出来。此时××公司正好聘请了咨询公司给新上任的经理做领导力发展项目，因此，郑宜通过自我觉察工作坊得到了咨询顾问一对一反馈辅导。

二、问题描述

通过收集郑宜本人以及她的下属和上司的看法，可以更深入地了解这个问题的表现，下面从三个角度描述郑宜目前面临的问题。

郑宜说："其实我觉得自己对接任新岗位还没有准备好，但是上司突然要走，而且希望我顶上，我只能硬着头皮上了。以前的上司是个雷厉风行的人，我们都很佩服他做事的毅力与决心，在他手下工作是一种幸福。我觉得自己这种性格并不适合做管理者。以前的上司一直是我的榜样，部门的人也都习惯了他的管理风格与工作模式，倘若我也这样做，大家应该能很快接受我吧，但是我总觉得大家并不买账，我也觉得自己学不会，总感觉他们在背后说我做得不好。我希望能够尽快把管理工作做好，但目前这种状况让我很苦恼，搞得我现在晚上都睡不着觉，不知道该怎么办才好。"

郑宜的下属说："郑宜虽然人挺好的，之前工作也做得不错，但她被提拔成我们的上司后，我们就越发怀念以前的上司。以前的上司会给我们明确的指示，该怎么做、不该怎么做都说得清清楚楚，做得好或不好也会直接和我们说。现在，那些做得不好的人，郑宜也不说，一味惯着他们，还帮他们找借口，她真的能做好我们的上司吗？虽然郑宜想像以前的上司那样管理我们，但她的性格不可能强硬起来的。"

郑宜的上司说："以前我也没怎么听说过郑宜这个人，但是她的直接上司在走之前向我推荐了她，说她对人好，肯埋头苦干，那就让她上吧。但是现在她和她的团队好像有不少问题，她的下属觉得她和以前上司的做事风格差别挺大的，心里有落差，开始怀疑她的能力了。而且我感觉郑宜对自己不是特别有信心，好像还想模仿以前上司的管理风格，估计她也得吃苦头。现在，团队出现了问题也不和别人说，只是自己一个人在那里瞎想。"

根据以上资料，可以发现郑宜目前的问题主要表现在以下两点。

①新任经理的个人影响力尚未建立，下属对新上司个人能力的信任不足。

②新任经理没有接受自己的性格特点，盲目模仿他人，没有发挥自己的优势。

三、原因分析

通过自我觉察工作坊，可以发现郑宜出现以上问题的性格原因。郑宜的大五职业性格测评结果如图6.4.3和图6.4.4所示。

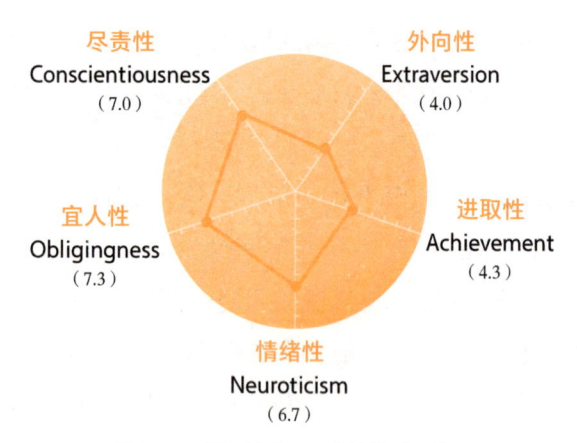

尽责性
Conscientiousness
（7.0）

外向性
Extraversion
（4.0）

宜人性
Obligingness
（7.3）

进取性
Achievement
（4.3）

情绪性
Neuroticism
（6.7）

图6.4.3 郑宜的大五职业性格测评结果

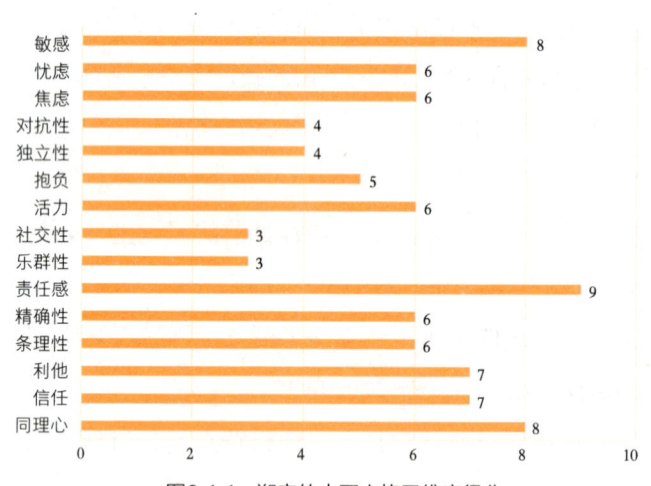

维度	得分
敏感	8
忧虑	6
焦虑	6
对抗性	4
独立性	4
抱负	5
活力	6
社交性	3
乐群性	3
责任感	9
精确性	6
条理性	6
利他	7
信任	7
同理心	8

图6.4.4 郑宜的大五人格子维度得分

从郑宜的大五职业性格测评结果中可以看出，她的宜人性、尽责性和情绪性的得分都比较高，外向性和进取性的得分则比较低。

郑宜的宜人性得分高说明她具有同情心，能理解他人、信任他人，愿意帮助他人。但这会导致郑宜在管理上有一定的隐患，因为这样在给下属做反馈时就不能实事求是，只会一味地说好话而无法指出下属的不足，而且会过于关注他人的感受，为了让自己成为别人眼中的样子而盲目地改变自己。

郑宜的尽责性得分较高主要是因为她的责任感很强，希望把事情做好。郑宜的情绪性得分较高则说明她的情绪波动会比较大，遇事容易紧张、焦虑、担忧、不安，对批评和负面反馈比较敏感。

在外向性中，郑宜主要是乐群性和社交性得分比较低，这说明她性格内向、慢热，喜欢独自钻研和思考问题。这给她带来的问题是，无论什么事情她都比较在意，喜欢自己一个人扛，而不是找其他人咨询，也不擅长和其他人建立关系，面对他人时比较缺乏自信。郑宜的进取性得分比较低主要是因为她的对抗性和独立性得分比较低，不喜欢与人辩论，想法容易被人改变。

总体而言，由于郑宜的尽责性得分比较高，她希望把工作做好，但是情绪性得分高导致当事情的发展不如自己所想时，她会感到有压力，容易紧张、焦虑。由于外向性、进取性得分比较低，郑宜与之前上司的做事风格相差较大，下属感到有落差，而且宜人性得分较高的郑宜也不批评表现不好的下属，让其他人渐渐对她的能力产生了怀疑。为符合大家心中管理者的形象，郑宜尝试着模仿以前上司的管理风格，但并没有产生好的效果。

四、建议

1. 接受自己的性格，不盲目模仿他人，找到适合自己的管理风格

每个人都有自己的性格特点，性格是不分好坏的，管理风格也一样，没有正确和错误之分。郑宜应该接受这一点，并接受自己，建立自信，明白自己的性格虽然有劣势，但也有优势，应该懂得趋利避害，并摸索出自己的管理风格，而不是盲目地模仿他人。

2. 从自身特点出发树立个人影响力，建立团队信任感

郑宜虽然不是进取加外向的强势性格，但她的性格也有自己的优势。宜人性得分高的郑宜善于关注下属的难处，给予他们关怀，是以人为导向的管理者；郑宜也可以发挥自己尽责性得分高的优势把下属的工作安排好，把自己每天的管理工作规划好，同时监督自己和下属的执行情况，并对下属如实地进行反馈；虽然郑宜的外向性得分低，但她可以利用独处的时间钻研管理问题，再进行实践。只有做自己，从一件件小事上慢慢树立自己的个人影响力，才能赢得下属的信任。

案例三：“YES MAN”的困境

一、背景信息

张浩原来是××公司市场部推广组的一名小组长，他带领的小组虽然人不多，但是关系很融洽，下属对他的评价非常高，其他组的人找他帮忙，他也会毫不犹豫地答应，所以大家

都叫他"YES MAN"。

最近，市场部经理被提拔为公司高层，张浩成为市场部经理这一职位呼声最高的候选人，再加上他在公司工作已经有五年了，对其他组的工作也有不少了解。因此，张浩顺理成章地成了新的市场部经理，由原来管理一个小组的小组长变成管理好几个小组的部门管理者。一开始，大家都觉得张浩干得不错，但是后来市场部出了不少状况，大家都把矛头指向了新上任的张浩。这次，张浩也参加了咨询公司的领导力发展项目，参加过自我觉察工作坊之后，他从咨询顾问一对一的反馈辅导中认识到了问题的本质。

二、问题描述

通过收集张浩本人以及他的下属和上司的看法，可以更深入地了解这个问题的表现，下面从三个角度来描述张浩目前面临的问题。

张浩说："一开始，我对担任这个新的职务是比较有信心的，毕竟当我还是小组长的时候就把团队管理得不错，大家都认可我，但在新的职位上，我越来越觉得力不从心。以前我就管几个人，和大家的关系都很好，现在管的人是以前的四五倍，已经没办法再和每个人都搞好关系了。而且除了我原来的小组，其他小组的人好像都不怎么听我的，还对我颇有微词。不仅如此，我觉得部门间的协作太难了，我体谅其他部门的难处，但他们反而利用我这一点，剥夺我们部门应有的资源，也不把我的要求当回事儿，经常搪塞过去。虽然感觉这样不太好，但我也不能对他们总发脾气吧，也许再过一阵就好了。"

张浩的下属说："张浩是个有求必应的人，容易心软，其他部门的人很狡猾，连哄带骗的，导致在部门协调中张浩经常吃亏。我们部门的资源变少了，导致我们的工作也难以开展，大家开始抱怨张浩不应该对人这么好，要考虑自己部门的利益，在商言商。虽然我们被其他部门的人欺负，感觉很受气，但是张浩还是无动于衷，也不出来鼓舞一下大家的士气，导致大家工作起来越来越没有激情。"

张浩的上司说："张浩一直都表现得不错，和小组里的人相处得也很好，其他组的人找他，他也很乐意帮忙，所以我被提拔之后就让他来接任我的工作。但张浩在部门之间的影响力还不够，在和其他部门争取资源的时候总是处于下风，所以他自己部门的人也开始抱怨了。而且张浩在部门内没有树立起威信，大家对他安排的工作爱搭不理的。整个部门的士气比较低落。"

根据以上资料，可以发现张浩目前的问题主要表现在以下两点。

①自然的关系型领导方式只适用于管理小团队，当管理跨度变大、内容变多时，没有对领导方式进行及时调整。

②在部门外和部门间的个人影响力不足，导致部门利益受损、下属士气低落。

三、原因分析

通过自我觉察工作坊，可以发现张浩出现以上问题的性格原因。张浩的大五职业性格测评结果如图6.4.5和图6.4.6所示。

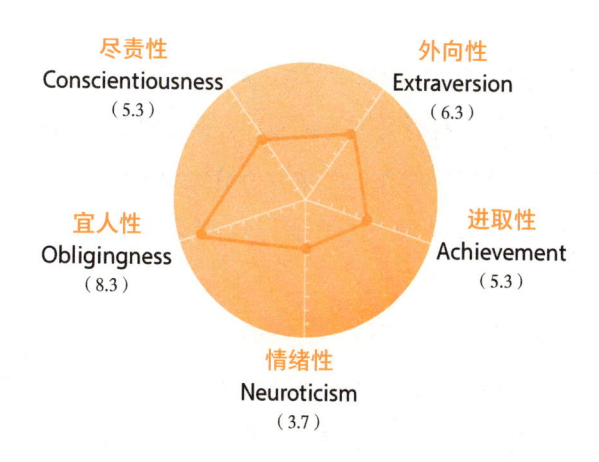

尽责性 Conscientiousness（5.3）
外向性 Extraversion（6.3）
宜人性 Obligingness（8.3）
进取性 Achievement（5.3）
情绪性 Neuroticism（3.7）

图6.4.5 张浩的大五职业性格测评得分

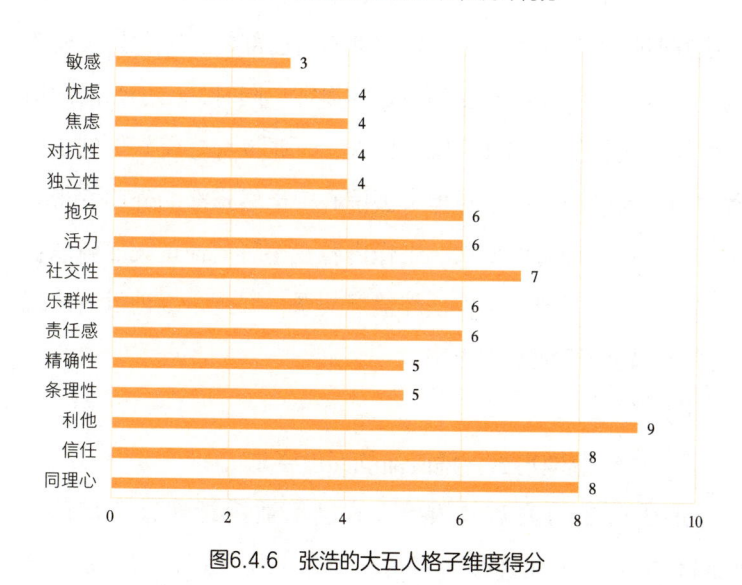

维度	得分
敏感	3
忧虑	4
焦虑	4
对抗性	4
独立性	4
抱负	6
活力	6
社交性	7
乐群性	6
责任感	6
精确性	5
条理性	5
利他	9
信任	8
同理心	8

图6.4.6 张浩的大五人格子维度得分

在张浩的大五职业性格测评结果中，他的宜人性得分非常高，外向性得分偏高，情绪性得分比较低，尽责性和进取性得分一般。

张浩的宜人性得分高说明他是利他主义者，善于帮助他人排忧解难，甚至有时会因为帮助别人而牺牲自己的利益，富有同情心，容易信任他人，但这也会给他带来弊端，比如，容易被人利用，无法为自己争取合理的利益，对别人的防御性低等。

张浩的情绪性得分低说明他的情绪波动不大，不容易感到压力、焦虑和忧虑，显得有点儿沉闷，也会让人感觉他对批评和负面反馈毫不在乎，显得有点儿自满。

总体而言，由于张浩的宜人性得分非常高，在与其他部门谈判时过于为他人着想，较少考虑自己部门，因此处于弱势地位，导致部门的利益受到一定的损害。同时，由于张浩的情绪性得分比较低、不善于感染他人，下属没感受到他的工作激情和个人魅力，渐渐对他失去信心。虽然张浩的外向性得分偏高，但在管理跨度变大、工作内容变多时，他也无法像以前那样和每一个下属与工作伙伴搞好关系，因此，以前没有出现的管理问题渐渐地暴露出来。

四、建议

1. 调整管理方式，适应新的岗位要求

张浩自然的关系型领导方式已不适用管理整个部门，时间和精力已不允许张浩与每一个人都建立亲密的关系。因此，张浩应该及时调整工作思路，采取新的管理方式，让自己在管理的团队规模变大时也能得心应手。比如，张浩应该把关系建立的对象放在其他部门的经理、部门内的组长身上，而不再是每个负责具体工作的一线员工身上，这样既和他的性格相符，又能让他与联系最紧密的工作伙伴建立良好的关系，达到事半功倍的效果。

2. 发挥个人魅力，建立个人威信

对内，张浩可以多与下属沟通自己的想法，宣讲自己的管理理念，用诚挚的心感染下属，与下属达成共识，消除下属的疑虑；对外，张浩应该多考虑部门的利益、下属的处境与心情，在与其他部门进行沟通协调时，坚定自己的立场，适当地表达自己的情绪，学会拒绝他人的无理要求，树立自己的个人影响力，寻找双赢的方法而不是一味地退让。此外，张浩可以尝试将私人关系与工作关系分开，在工作外可以尽力帮助有需要的人，但在工作内仍要界定好责任范围，理性思考。

案例四：令人烦恼的职场"小鲜肉"

一、背景信息

叶未之已在××公司工作四年，现担任该公司一个重点手机游戏项目组的策划组主管。叶未之在担任策划A组组长时，业绩和个人能力都十分突出，为人津津乐道的是，他带领A组在两周内完成了该游戏的数据策划，而且主要的数据建模部分采用了新的模型，这个模型大部分由他完成。除此之外，叶未之和策划A组的人关系很好，常常和下属打成一片，团队氛围十分融洽。因此，在策划组主管位置出现空缺时，叶未之出色的成绩使他无可争议地被提拔为策划组主管。

随着"95后"乃至"00后"毕业参加工作，项目组里出现了越来越多"小鲜肉"的脸孔，但是叶未之对如何管理这些"95后""00后"十分头疼。

二、问题描述

叶未之向咨询顾问描述道："我发现'00后'的风格就是随心所欲、自由自在。最典型的例子是原来我们组一个刚进来几个月的策划，叫阿礼。阿礼在篮球赛上是主力小前锋，项目组年会上又担任主持人，既聪明也很会说话，大家都挺喜欢他的。但是他对待工作却不像对待业余活动那样积极，做事情比较随便。以前我交给他一项策划任务，都快到任务截止的时间了，他才交上来，而且文案还和草稿一样，平时上班时间他经常一连两个小时不见人。有时我想着项目时间太紧了，让他重新做还不如我自己来做，就帮他完成了。过后再和他提起，他倒是一口一个'叶队太强大了''叶队我下辈子还跟你混'，说得我都有点儿不好意思，就没有继续和他谈这个问题了。

"后面发生的事情，让我意识到自己不可能再帮阿礼继续补锅了。关于游戏里的剧情对话策划，我考虑到要帮助新人成长，就让一个经验比较丰富的同事和他搭档完成。到最后上交策划案时，这个同事和我抱怨说，阿礼基本没有做过任何事情。我现在已经不在A组了，就算我还是A组组长，如果我再帮他完成工作，反倒会助长他散漫的工作态度，对他的个人成长也没有任何帮助。我应该怎么做才能让阿礼意识到，他的上司不可能一直帮他完成工作？还有，以后'00后'肯定越来越多，我怎样做才能避免这种情况再次发生呢？"

关于叶未之的担忧，在较早之前，咨询顾问已经从他上司的反馈中有所耳闻。叶未之的上司表示："未之在管理小组的时候，能力确实挺强的，我对交给他的任务相当放心，也不用多做解释，他就可以带着小组完成工作。后来我发现了阿礼的情况，就让未之多帮助他，但是未之当"老好人"当惯了，估计不是很适合管理阿礼这一类的员工。"

从上面的描述中，可以将叶未之的问题归纳为以下几点。

①叶未之是一个比较突出的个人贡献者，在当基层管理者时，他以关怀为主的管理方式可以创造一个融洽的小团体，并且可以凭借自己的能力带领团队进步。但是在转变为中层管理者后，由于团队规模变大，管理者难以做到对每个人面面俱到的管理，因此单纯采用关心和体贴的方式难以帮助整个团队提高。

②在"问题员工"的管理上，叶未之一直没有使用负面反馈，这既不利于自身工作的开展，对该类员工也没有起到督促作用。

③在指导工作时，叶未之沿用了一贯的管理方式——授权、给予下属自己完成任务的自由，并没有因人而异地采取有针对性的管理方式。

三、原因分析

叶未之的大五职业性格测评结果如图6.4.7和图6.4.8所示。

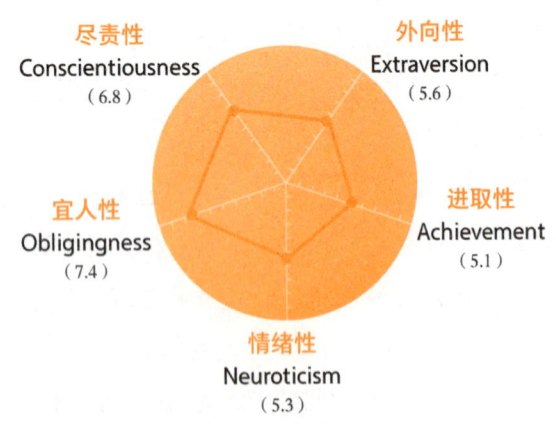

尽责性 Conscientiousness (6.8)
外向性 Extraversion (5.6)
宜人性 Obligingness (7.4)
进取性 Achievement (5.1)
情绪性 Neuroticism (5.3)

图6.4.7 叶未之的大五职业性格测评得分

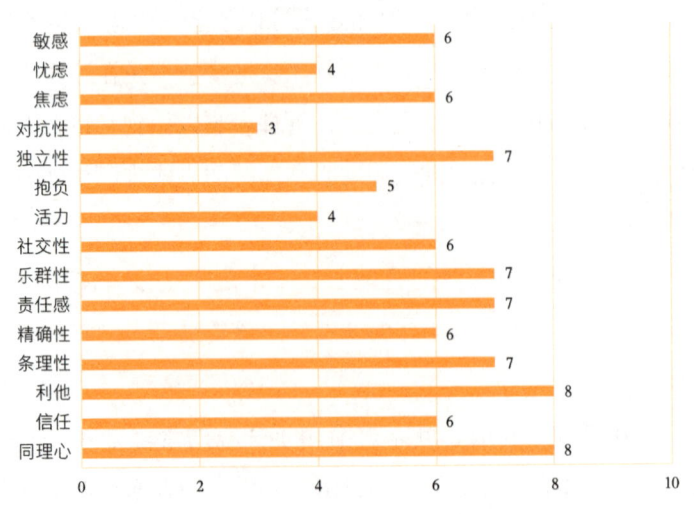

子维度	得分
敏感	6
忧虑	4
焦虑	6
对抗性	3
独立性	7
抱负	5
活力	4
社交性	6
乐群性	7
责任感	7
精确性	6
条理性	7
利他	8
信任	6
同理心	8

图6.4.8 叶未之的大五人格子维度得分

从叶未之的大五职业性格测评结果来看，他的性格特点是尽责性和宜人性的得分都处于较高水平，外向性、进取性和情绪性的得分均处于中间水平。

在尽责性的子维度上，叶未之的条理性、精确性、责任感的得分都比较高。叶未之在责任感上的得分较高，表明他在工作中倾向于一丝不苟地承担上级交给他的任务，并且踏踏实实地按照规定的时间完成。条理性、精确性是个人在完成工作中的计划性和逻辑性，这两个方面在叶未之完成数据策划工作时表现得十分明显：能够带领A组在短时间内完成数据策划工作，说明他有较好的条理性；同样地，较好的精确性可以帮助他在数据策划工作中更好地应用新的数据模型。

在宜人性的子维度上，叶未之的同理心、利他的得分相当高，信任的得分也处于较高水平，表明他倾向于感受他人的情绪，也愿意帮助别人。这些性格特点，使叶未之在担任策划A组组长时，主要采取了关怀型的管理方式，因而和下属亲如手足。这种管理方式能够在普通员工中收到较好的成效，但是对于一些工作上有缺点的员工就会不起作用。比如，叶未之管理阿礼时，反而经常要补位阿礼的工作，并且不能很好地向阿礼指出他的缺点。

四、建议

了解叶未之的性格特点后，咨询顾问给出了以下两个建议。

1. 树立管理者的个人威信

转型为领导者后，比较重要的一项内容是树立个人威信。个人威信的树立主要是靠管理者的工作计划和安排、员工任用、员工激励、辅导和绩效评估这几个方面。管理者只有在这些方面做得出色，才能在下属心中树立起良好的形象。如果一直依靠私人关系和团队保持良好的关系，那么管理者的个人威信就难以树立，下属也无法信服其领导。

2. 敢于给予负面反馈

上司对叶未之的管理方式是放权，因为上司知道他不需要辅导也能够很好地完成工作。这种管理方式更加适合个人能力强的下属，但是对于能力一般或者不能很好地自主开展工作的员工，这种管理方式就不那么适合了。阿礼这样的员工需要的是有针对性的以辅导为主的管理方式，而且需要给予负面反馈才能让其思考、督促其发展。

案例五：从"拼命三郎"到"救火队长"

一、背景信息

林雪娴进入××公司六年了，目前她担任公司测试运维部主管。她进入公司以来的成绩一直很突出，还是一名普通员工时，她就习惯于独自打拼，并且经常加班，是部门出了名的"拼命三郎"。她经常先于其他人发现游戏中的关键bug（漏洞），然后果断地要求进行维护，避免公司遭受财产方面和形象方面的双重损失。

林雪娴因为优异的个人业绩，晋升到主管岗位。在主管岗位上，加班变得更加频繁，一开始她觉得这是正常现象，但是她渐渐发现，在执行工作任务的时候，部门里只有少数人可以勉强跟上自己的步伐，大多数人的水平都达不到她的要求。比如，她觉得某些测试内容一个人做一天就能完成，结果两个人做了一天半才完成了80%，其中的内容还有很多纰漏需要返工，导致她加班加点到处补救，成了"救火队长"。于是，林雪娴开始要求团队成员高标准、高质量地完成任务，但是部门内的响应程度并不是很高，士气也逐渐地低落下去。林雪娴的心中充满了疑惑。

二、问题描述

林雪娴对咨询顾问说："我来自中部的一个小县城，成长环境比较艰苦，所以我一直把奋勇拼搏记在心里。进入这家公司后也是这样。一开始，我什么都不懂，经常被领导训话，我很不服气，花了一个星期的时间搞清楚了我们公司主打的几款游戏和关键测试点，还发现了两个遗留bug。现在我当了主管，感觉团队里有一些人表现还行，和我差不多。而看着另一些人就像看着当年的自己，甚至还体会到当时我的领导那种恨铁不成钢的感觉。

"比如最近让他们做一个维护月报，我本来想的是他们能把发现的问题、当时采取的解决措施、以后的防范策略都写下来，结果他们交上来的只有问题和措施，有些还只写了问题，我当时就气炸了，说了他们一顿，然后自己做了一份维护月报。我觉得对于团队来说，领导的责备有一种鞭策的作用。你想想，正常人被骂了一顿肯定会不服气，说什么也会努力做出一些成绩来，让大家刮目相看。以前的我就是这样，只要领导对我的工作稍微不满意，我就加班加点甚至通宵也要做出完美的结果。所以最近看到他们的工作一直达不到我的要求，最后还得我帮忙完成，我提出要他们高标准完成工作，但他们也没有什么积极性，上班老是垂头丧气的样子，我心里就纳闷儿：这是怎么一回事儿呢？"

从林雪娴的描述中，可以发现以下两点问题。

①林雪娴的个人成绩非常突出，但是没有很好的辅导方式，难以传递到下属身上，甚至出现了反面效果，令自己变成了一个"救火队长"。

②林雪娴崇尚强势、直接的领导风格，这种风格可以使她有强大的气场，但对于一部分人来说，则形成了一种高压的氛围，团队士气低落也就不难想象了。

三、原因分析

林雪娴的大五职业性格测评结果如图6.4.9和图6.4.10所示。

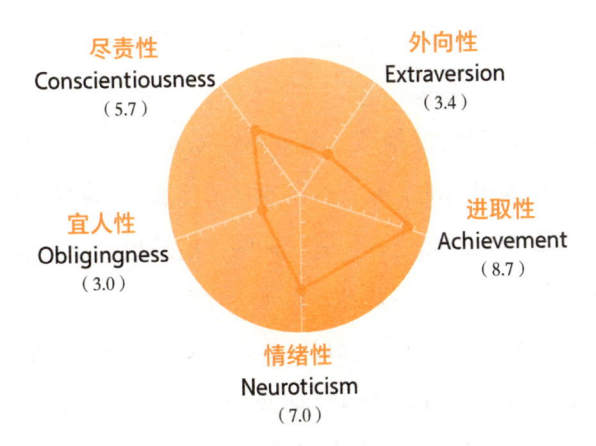

尽责性
Conscientiousness
（5.7）

外向性
Extraversion
（3.4）

进取性
Achievement
（8.7）

情绪性
Neuroticism
（7.0）

宜人性
Obligingness
（3.0）

图6.4.9 林雪娴的大五职业性格测评得分

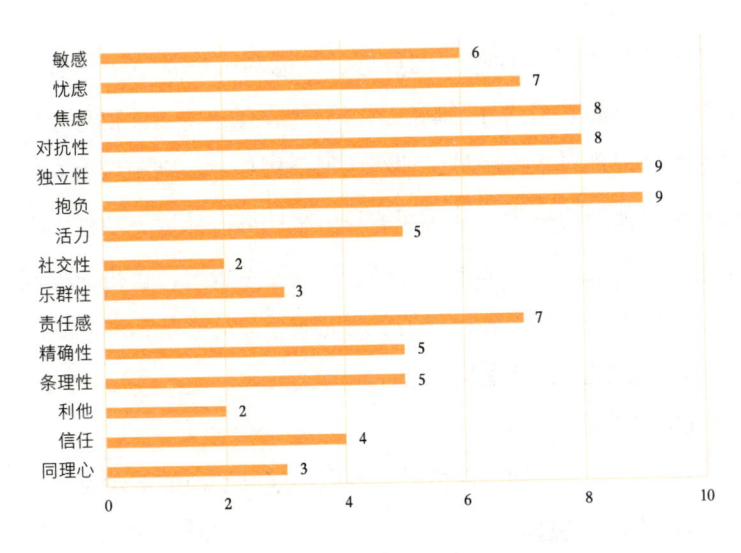

维度	得分
敏感	6
忧虑	7
焦虑	8
对抗性	8
独立性	9
抱负	9
活力	5
社交性	2
乐群性	3
责任感	7
精确性	5
条理性	5
利他	2
信任	4
同理心	3

图6.4.10 林雪娴的大五人格子维度得分

从林雪娴的大五职业性格测评结果中可以看出，她有着比较典型的高进取性、高情绪性的性格；相对地，她的外向性和宜人性的得分较低。

在进取性包含的抱负、独立性、对抗性三个子维度上，林雪娴都得到很高的分数。这说明林雪娴的内心有很强烈的动机去追求成功，意志坚定，有目标感；但是相对地，她在工作中表现得比较执拗，不太愿意和他人合作。具体体现为她非常擅长单兵作战，个人业绩也有目共睹，但是在领导团队上有所欠缺，容易以自己对任务的判断作为标准，要求其他人也和自己一样付出200%的努力去完成任务，而这种要求已经超出了相当一部分员工可以承受的范围，因此，对于团队的促进作用反而是负面的。

林雪娴在情绪性包含的焦虑、忧虑和敏感这三个子维度上的得分较高。情绪性影响的是行为的表现，情绪性得分较低时，行为表现得不太明显；情绪性得分较高时，则预示着有时会有比较强烈的行为。林雪娴的高情绪性可以从以下两件事看出来：一是过去受到批评时的第一反应是不服气，会拼命完成任务，找回失去的信心；二是下属完成任务的质量达不到她的要求时，她立刻批评下属。

四、建议

在分析了林雪娴的性格后，咨询顾问给了她如下建议。

1. 为团队减压

压力是一把双刃剑。运用得恰当，能够增加团队的动力；运用得不恰当，则会挫伤团队的士气。林雪娴在工作中倾向于表现得比较直率，及时地反馈负面意见，但是对于一些人来说，这种负面意见有可能会成为他们压力的来源。如果给这些人勉强布置一些难度很大的任务，他们只会交给管理者一个敷衍的结果，并等着被责备，这样做很容易挫伤团队士气。有时管理者可以采用轻松的管理策略，让大家放松一下神经，同时让大家看到自己作为上司的另一面。

2. 对待不同的下属，采用不同的管理方式

每个人都是不一样的个体，每个人的性格、能力等也千差万别。有的人想先完成工作再下班，有的人则更看重工作和生活的平衡，而且完成的质量也是有区别的。在林雪娴的个案中，她更欣赏那些和她一样的人，并且对所有人都采取同样的管理方式。作为管理者，可以尝试在布置工作任务之前先了解下属对任务的预期，确认他们能够完成的限度，并且对性格不同的人试用一些不同的管理方法，比如一个责任感很强但是目标性不足的下属，他可能不知道你希望他达到的工作效果，因此你需要在他工作时不断地给予他一些细节上的反馈。

案例六："激进派"与"保守派"之争

一、背景

张灿进入××公司已有五年了，发展一直十分平稳，他从2023年开始担任某网页游戏的设计组主管。两个月前，设计B组的组长王博威升任副主管，成为他的副手。在其他同事看

来，王博威对工作充满了热情，绩效一直处于优秀之列，脑子里有许多新创意，这是从事设计工作不可或缺的能力，正是这些能力让他在工作两年半后就升任副主管；张灿则属于稳重型性格的人，应对各方面事务游刃有余，既令上级满意也受下级尊敬。两人的搭配本应该是天衣无缝的，但是实际上，对于两人之间的合作，张灿和王博威的心里都有些不痛快。

二、问题描述

在一对一辅导中，王博威对咨询顾问说："老张这个人，虽然我们之前的私交不错，但是现在，我是真的有点儿看不懂他了。之前有好几次方案评审，我觉得A方案比较切合玩家需求，老张就跟我说B方案比较符合实际；我说用B方案涉及的技术能够省工，老张觉得B方案要学新技术，还不如A方案。刚开始，我还尝试说服老张，不过他是主管，决定权都在他手上，后面的方案就都按老张的意见做了，但是结果证明我的预测都是对的。前几天还有一个差不多的事件，我看了一个其他游戏的界面布局设计，觉得用起来很顺畅，特别想用到我们的游戏上来。去找老张讨论的时候，他却觉得风险太大，认为还是沿用原来的设计好。我觉得自己无论在目前的工作还是提出新的创意上，表现得都挺不错，说不定是老张觉得我的风头可能会盖过他，所以强行把我的势头给压下来。我应该怎么应对这样的上司？"

另一场一对一辅导中，张灿则向咨询顾问表达了自己的无奈："我知道博威的工作表现相当出色，我这个人还是挺客观的，你行你就上嘛，但是博威有时真的让我有点儿为难。虽然说他支持的方案，要么对玩家更友好，要么在设计技术上有贡献，但是很多东西都没有经过详细的可行性分析，就摆到我面前了。作为主管，我当然希望设计上有创新，然而，没有可行性分析就贸然实行，不管我的上司支持不支持，这种举动本身风险就非常大。之后我观察博威，发现他一直在琢磨这些内容，反而把工作任务放在第二位了。要怎么做才能稳住这样的下属？"

根据张灿和王博威的描述，可以把问题归纳为正副手的搭配问题。副手的个人能力很强，有许多新思路，认为"一把手"在故意阻挠自己，不让其才能得到充分发挥；而从"一把手"的角度来看，副手的想法有其合理之处，但是没有考虑过实际情况就直接跟自己讨论，有不完成任务之嫌。这两个人产生误会的原因，可以从性格着手分析。

三、原因分析

在自我觉察工作坊中，张灿和王博威都参加了大五职业性格测评，测评结果如图6.4.11至图6.4.13所示。

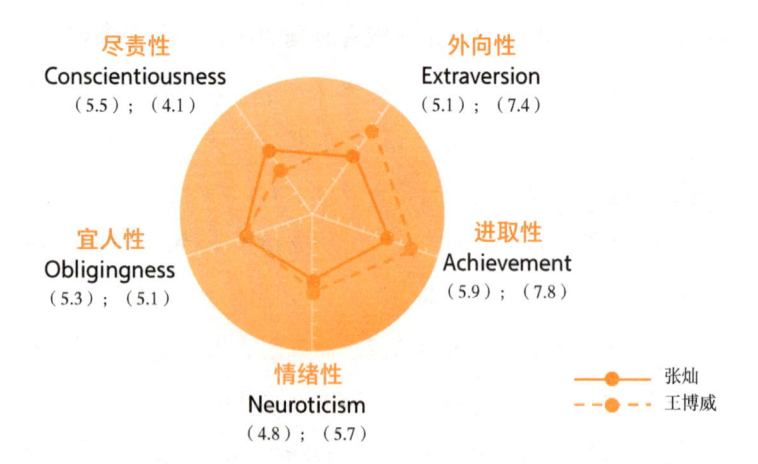

尽责性
Conscientiousness
(5.5);(4.1)

外向性
Extraversion
(5.1);(7.4)

宜人性
Obligingness
(5.3);(5.1)

进取性
Achievement
(5.9);(7.8)

情绪性
Neuroticism
(4.8);(5.7)

―●― 张灿
--●-- 王博威

图6.4.11 张灿和王博威的大五职业性格测评得分

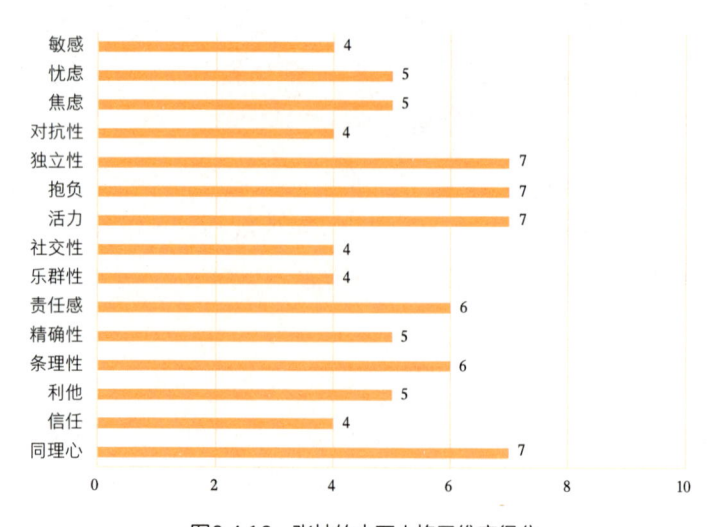

维度	得分
敏感	4
忧虑	5
焦虑	5
对抗性	4
独立性	7
抱负	7
活力	7
社交性	4
乐群性	4
责任感	6
精确性	5
条理性	6
利他	5
信任	4
同理心	7

图6.4.12 张灿的大五人格子维度得分

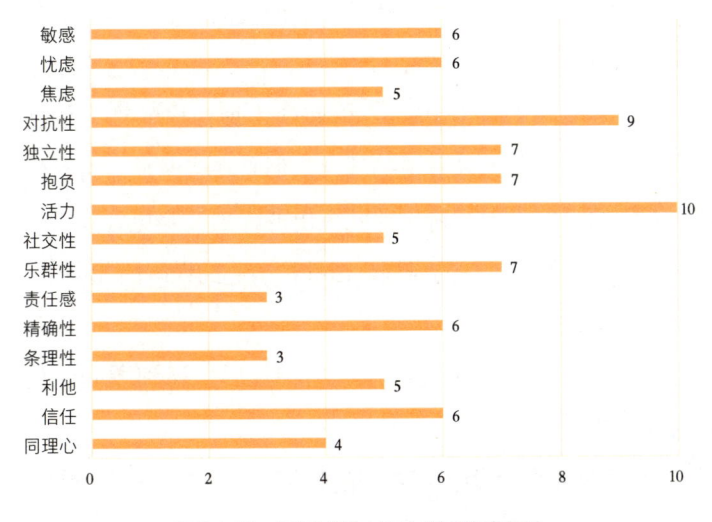

维度	得分
敏感	6
忧虑	6
焦虑	5
对抗性	9
独立性	7
抱负	7
活力	10
社交性	5
乐群性	7
责任感	3
精确性	6
条理性	3
利他	5
信任	6
同理心	4

图6.4.13　王博威的大五人格子维度得分

从大五职业性格测评结果可以看出，张灿是比较典型的"变色龙"性格，所有得分都集中在中等水平；王博威在外向性、进取性的得分比较高，而在尽责性的得分比较低。

张灿总体的性格特点是比较从容和友善，能够适应大多数情况和工作风格；但是有时难以表达出自己真正的意见。在工作上，张灿更倾向于适应王博威的工作风格，但是他也会从全局的角度去看问题，考虑人员和事物是否能跟上创新发展的进度。

王博威在外向性得分中，最为突出的是他的活力，这表明他在工作中倾向于广泛思考，并且会产生许多创意；他在进取性的三个子维度得分都较高，说明他在工作中倾向于追求成功，对自己的想法也有信心，愿意向他人推销自己的想法。但是王博威在尽责性上的得分较低，表明他的想法可能会有较多纰漏，也没有完整的实现计划。

所以，在实际工作中，王博威向张灿提出的许多创新想法，虽然从长远角度来看更加适合，但是在当时显得可行性不足。而张灿常常审慎对待王博威提出的计划，避免冒险，也被看作不甘被副手抢风头的表现。由性格引起的误解因此产生。

四、建议

在分析了张灿和王博威的性格特点后，咨询顾问给他们提出以下两点建议。

1. 正副手要互相了解对方的性格

正副手如果因为误会而产生摩擦甚至争执，损害了搭档关系，可能会波及整个团队。要避免误会产生，可以先从了解对方的性格开始。由对方的性格，可以推断他们的工作风格，比如王博威倾向激进的工作风格，而张灿偏向保守的工作风格。

2. 根据副手的性格，布置相应的工作任务

在正副手共事的过程中，"一把手"拥有主导权，可以运用自己管理上的优势，根据副手的性格有针对性地进行管理。

案例六中，王博威的外向性得分很高，尤其是活力维度，说明他有许多精力去探究不同的新鲜事物，并产生创新的想法。张灿可以利用王博威的这种性格，委派他去主导探索型项目，比如新技术在设计中的使用、美术设计的迭代等，这样既能让王博威的性格特点在工作中得到发挥，又能使他得到稳定发展，甚至助力整个团队成长。

练习题答案（部分）

练习1-3

形容词	高宜人性	低宜人性
精明		√
开放	√	
幼稚	√	
愤世嫉俗		√
务实		√
在商言商		√
易受摆布	√	
包容	√	
机敏		√
真诚	√	
软弱	√	

练习1-4

形容词	高尽责性	低尽责性
自由		√
轻率		√
可靠	√	
古板	√	
谨慎	√	
创新		√
散漫		√
尽职	√	
思维开阔		√
未雨绸缪	√	
放荡不羁		√

练习1-5

形容词	高外向性	低外向性
精力充沛	√	
安静		√
擅长交际	√	
干涉他人	√	
冷淡		√
谨慎		√
注重私密		√
外向	√	
容易分心	√	
无动于衷		√
漠不关心		√
积极主动	√	

练习1-6

形容词	高进取性	低进取性
坚定	√	
有依赖性		√
独裁	√	
顺从		√
灵活		√
固执	√	
果断	√	
优柔寡断		√
目标明确	√	
随和		√
配合		√
武断	√	

练习1-7

形容词	高情绪性	低情绪性
敏感	√	
难以捉摸	√	
稳健		√
顺其自然		√
无动于衷		√
易兴奋	√	
自信		√
反应迅速	√	
有一贯性		√
缺乏激情		√
感情用事	√	

练习2-1

文字表述	性格画像
•很外向，很直率 •很快发言，很快表态 •以目标为取向，争取自己的利益 •思考广泛兼有想象力 •可能会使比较安静和扭捏的人畏缩 •行动迅速，令人招架不住	推广者 尽责性 Conscientiousness (3.5) 外向性 Extraversion (7.5) 进取性 Achievement (7.5) 情绪性 Neuroticism (5.5) 宜人性 Obligingness (3.5)
•外向，作风优雅 •合群，喜欢舒适的环境 •容易融入不同的环境 •观点简单而务实 •有些观点显得肤浅，忽视"真正的问题" •容易做出承诺，但可能做不出成绩	演示者 尽责性 Conscientiousness (7.5) 外向性 Extraversion (7.5) 进取性 Achievement (3.5) 情绪性 Neuroticism (5.5) 宜人性 Obligingness (5.5)

（续表）

文字表述	性格画像
•有同情心，但由于沉默寡言而不被觉察 •文静，做事有效率 •有很高的理想和原则 •乐于助人 •需要一段时间才能接近 •如果未实现理想，会感到失望	辅导教练 尽责性 Conscientiousness (7.5) 外向性 Extraversion (3.5) 宜人性 Obligingness (7.5) 进取性 Achievement (3.5) 情绪性 Neuroticism (5.5)
•谨慎，注重隐私的风格 •要经过一段时间的"热身"才能了解他 •有严格的准则和品德 •对原则性的事情不会马虎 •可能会对人嗤之以鼻 •采纳保守的方法，抗拒尝试新方法	传统者 尽责性 Conscientiousness (7.5) 外向性 Extraversion (3.5) 宜人性 Obligingness (7.5) 进取性 Achievement (7.5) 情绪性 Neuroticism (5.5)

练习3-1：B

练习3-2：B

练习3-3：B

练习3-4：B

练习3-5：A

练习3-6：C

练习3-7

1~5：BDDCB

6~10：AACAD

11~15：BCAAA

16：B